TRASTORNOS DIGESTIVOS

¿COMO EVITARLOS?
¿COMO TRATARLOS?

MEDIDAS PRACTICAS PARA LOGRAR LA DIGESTION PERFECTA

Copyright © 2009 by CONCEPTOS EDITORIALES
ISBN 0-939193-22-1

conceptoseditoriales@gmail.com

CAPITULO 1

EL SISTEMA DIGESTIVO:
¿COMO FUNCIONA?

Una herida, una caída, falta de aire... son muchas las razones que hacen que inmediatamente nos refugiemos en el consultorio del médico. Pero rara vez alguna molestia menor (como las diarreas, el dolor de estómago, o la acidez estomacal... por ejemplo) nos llevan rápidamente en la misma dirección... Sólo acudimos al médico ——y lo hacemos un poco tarde... ¡hay que reconocerlo!— cuando muchos de estos problemas ya se han vuelto crónicos y nos causan molestias severas...

La reacción más normal cuando se nos manifiesta algún problema estomacal (ya sean malas digestiones, acidez, o diarreas) es la de esperar a que la condición se alivie por sí misma. Si persiste por más tiempo del que se pudiera considerar "normal" (y cada persona tiene un concepto distinto en este sentido), buscaremos alguna solución que esté al alcance de la mano: un remedio casero, seguir los consejos de la abuela, o hasta quizá recurrir a algún medicamento que esté a la venta sin la necesidad de receta médica... Sólo en última instancia acudiremos al médico. ¿Por qué?

- Al parecer, una de las causas que motivan esta actitud generalizada es nuestra timidez natural a confesarle a otra persona los problemas que nos puede estar causando nuestro sistema digestivo. Se suele hablar sin inhibiciones de ningún tipo sobre los dolores de cabeza o de muelas, de las heridas que sufrimos, de las fracturas, y hasta de operaciones quirúrgicas de envergadura que hayamos experimentado (a las que a veces nos referimos hasta con cierto orgullo, una vez que nos sentimos recuperados)... Sin embargo, muy pocos reconocemos abiertamente que experimentamos estreñimiento o sufrimos de diarreas, o que padecemos de flatulencia, o que determinados alimentos nos "caen mal" y nos provocan el vómito... Ya éstos son temas más complejos que casi siempre callamos porque los consideramos "personales"... a pesar de que si la situación se vuelve persistente, indudablemente comienza a preocuparnos.

- Otro factor importante para que no acudamos al médico cuando nos sentimos afectados por un problema digestivo es que los síntomas no siempre son fáciles de describir. El médico nos puede preguntar, por ejemplo, en qué consiste el problema que nos lleva a su consultorio, pero no hay duda de que la descripción de los síntomas puede ser sumamente subjetiva... y también es preciso reconocer que hay especialistas que son poco pacientes ante explicaciones ambiguas que no los orientan en la forma debida para llegar a un diagnóstico concluyente.
- Desde luego, también está el temor que todos sentimos de desarrollar una tumoración maligna en el tracto digestivo, ya que hemos leído hasta la saciedad que el cáncer del colon, por ejemplo, es una de las causas principales de muerte de millones de personas en todo el mundo.
- Finalmente, no siempre queremos exponernos a la censura del especialista cuando nos veamos obligados a confesarle que nuestra alimentación es deficiente... ya sea porque es rica en grasas saturadas y pobre en fibras, o porque —sencillamente— no está debidamente balanceada.

Para quien conozca a fondo cómo funciona el sistema digestivo —con todas las complejidades de su formidable mecanismo— y esté familiarizado con la sensibilidad de éste ante cualquier elemento que afecte nuestra vida en un momento determinado, podría ser normal el abordar estos temas, consciente de que cualquier factor externo negativo (un conflicto emocional, por ejemplo... o un alimento que esté contaminado) puede reflejarse fácilmente en un trastorno digestivo. Pero ocurre que el funcionamiento del aparato digestivo suele ser ampliamente ignorado por la inmensa mayoría de las personas, al punto de que en una encuesta reciente llevada a cabo en los Estados Unidos, un alto porcentaje de las personas entrevistadas (el 76% de las mismas) sólo pudo mencionar que su misión es la de "procesar los alimentos que ingerimos"... sin poder describir ninguna de las etapas de este complejo mecanismo, ni mencionar los órganos que permiten este proceso (con excepción del estómago, por supuesto).

Si todos tuviéramos consciencia y conocimiento de la complejidad, del tamaño, y de los múltiples órganos y funciones que se hallan asociados al sistema digestivo, no nos extrañarían los frecuentes desórdenes que se nos pueden presentar. Se suele tener consciencia de que los alimentos sufren una transformación en el sistema digestivo, pero tal vez no todas las personas se den cuenta cabal de los siguientes factores:

- Esta transformación es mucho más complicada de lo que pudiéramos pensar;
- cada una de las etapas de este proceso representa un paso más en esta transformación total que experimentan los alimentos ingeridos (ve la información adicional que se incluye en este mismo capítulo);
- y que no todos los alimentos que ingerimos son procesados simultáneamente, sino que este proceso es progresivo y en el mismo participan todos los órganos que forman parte de este equipo de procesamiento que —en condiciones normales— funciona con una efectividad total.

Es precisamente por ello que los desórdenes del sistema digestivo son tan frecuentes, ya que cualquier factor que afecte a uno solo de los órganos y funciones asociadas al sistema digestivo, se refleja en el funcionamiento del mismo.

Es también por este motivo que a los especialistas les resulta tan difícil diagnosticar los factores que puedan estar provocando un trastorno digestivo determinado, ya que —por considerar sólo un ejemplo— una fuerte acidez estomacal (o gastritis) puede ser causada tanto por desajustes intestinales como por desarreglos hormonales, o por el funcionamiento deficiente de la vesícula biliar, o por un trastorno hepático o del páncreas... En fin, las causas de una deficiencia digestiva determinada pueden ser tan variadas como variados son los componentes de este formidable sistema del cuerpo humano que nos proporciona la energía que todos los seres humanos necesitamos para desarrollar todas las funciones vitales del organismo.

¿COMO ESTA FORMADO EL SISTEMA DIGESTIVO?

Llamamos sistema digestivo al grupo de órganos que descomponen los alimentos que ingerimos y los transforman en elementos químicos, los cuales pueden ser absorbidos por el cuerpo y utilizados por el organismo para proporcionarnos la energía que necesitamos para realizar nuestras actividades diarias, y para reparar las células y los tejidos.

Es un sistema sumamente complejo y extremadamente sensible al que —lamentablemente— no siempre le prestamos la atención que deberíamos, excepto cuando se nos presenta algún problema en su funcionamiento... pero aun así, con frecuencia continuamos sobrecargándolo de alimentos (y no siempre de la mejor calidad) y forzándolo en sus funciones, aunque en la inmensa mayoría de los casos, este sistema es tan generoso que hace un esfuerzo extraordinario y logra normalizarse por sí mismo.

Sin embargo, precisamente por todas esas funciones tan importantes que realiza, es fundamental que comprendamos que nuestro sistema digestivo no es una especie de basurero en el que podemos echar cualquier tipo de alimento. Por el contrario, debemos ser en extremo cuidadosos al seleccionar cuáles son aquellos elementos que le vamos a proporcionar... y éste es el motivo por el que los especialistas insisten tanto en la importancia de observar una alimentación debidamente equilibrada, lo cual permitirá que el sistema digestivo funcione en condiciones óptimas, beneficiando muchos aspectos de nuestra salud.

Pero además, nuestro sistema digestivo a veces se desajusta en su funcionamiento debido a otros factores, y en muchos casos hasta delata nuestro estado emocional... por mucho esfuerzo que hagamos por disimular la realidad. Así, todos sabemos por experiencia propia que la ansiedad, el temor, la excitación, el estrés, la depresión —e inclusive la felicidad— son emociones que se trasmiten a través de los nervios hasta ese aparato maravilloso que procesa todos los alimentos que ingerimos, pudiendo afectar el mecanismo con que los mismos son procesados. Y es por ello tan importante que comprendamos debidamente qué es lo que sucede con cada uno de los alimentos que llevamos a la boca, para que podamos cuidar debidamente los órganos que forman parte de este sistema tan importante del cuerpo humano.

LOS DIFERENTES ORGANOS QUE PROCESAN LOS ALIMENTOS QUE INGERIMOS...

A grandes rasgos, el sistema digestivo podría ser dividido en dos partes fundamentales:
- El tracto digestivo (también llamado tracto alimentario); y
- varios órganos asociados a los procesos digestivos.

El **tracto digestivo** es, básicamente, un tubo a través del cual pasan los alimentos que ingerimos. Consiste de:

- La boca.
- La faringe.
- El esófago.
- El estómago.
- El intestino delgado.
- El intestino grueso.
- El ano.

Entre los llamados **órganos asociados** se encuentran los siguientes:

- Las glándulas salivales.
- El hígado.
- El páncreas.

Estos órganos asociados segregan los llamados jugos digestivos, que descomponen los alimentos a medida que los mismos van avanzando por el tracto.

Consideremos que la dieta humana está integrada por:

- Diferentes elementos nutritivos (las vitaminas, los minerales, los carbohidratos, las proteínas, y las grasas).
- Residuos (principalmente, fibras vegetales).
- Agua.

La mayor parte de las vitaminas y los minerales son absorbidos e incorporados al torrente circulatorio sin ser transformados. Sin embargo, otros elementos nutritivos —para que puedan ser igualmente absorbidos— deben ser descompuestos por los agentes digestivos y transformados en sustancias más sencillas, con moléculas más pequeñas que sean fácilmente asimilables:

- Una parte de ese importantísimo proceso de descomposición es físico; es decir, es realizado en la boca, donde los dientes cortan y trituran los alimentos. También se produce en el estómago.

- El resto del proceso es químico, y llevado a cabo por medio de la acción de las enzimas, los ácidos, y las sales.

Veamos qué sucede con los alimentos que ingerimos, en los diferentes puntos de procesamiento por los que pasan antes de que sean asimilados por el organismo, o expulsados al exterior por medio de las heces fecales.

1
LA BOCA
Tiempo de procesamiento: 1 minuto

Con frecuencia se dice que la boca es una especie de antesala del aparato digestivo, y en efecto es así, porque es precisamente en la boca donde se inicia lo que comúnmente conocemos como una buena o mala digestión. El proceso digestivo comienza cuando los dientes trituran el alimento ingerido hasta convertirlo en pequeñas partículas que son humedecidas y mezcladas con la saliva... un proceso llamado ensalivación y que es sumamente importante debido a que la saliva no sólo lubrica los alimentos, sino que es un excelente agente bactericida que constituye una defensa contra todos los micro-organismos que llegan al cuerpo a través del aire y de los alimentos.

También en esta etapa la lengua desempeña un papel primordial, ya que favorece la formación del bolo alimenticio, que es el nombre que reciben los alimentos al ser procesados y mezclados hasta formar una masa homogénea en la cavidad bucal (pequeñas bolas que, de esta manera, pueden ser tragadas fácilmente).

Al mismo tiempo que este proceso mecánico se está produciendo en la boca, los nervios sensoriales en las papilas gustativas de la lengua perciben el sabor de los alimentos, y le comunican al resto del sistema digestivo que éstos se hallan en la boca, de manera que todo el sistema se activa para recibirlos y procesarlos. Así, apenas probamos un alimento, tres tipos diferentes de glándulas salivales comienzan a funcionar aceleradamente, activadas por el cerebro (algunas veces, sólo con pensar en la comida, se inicia esta acción, a la cual describimos con la frase popular "se nos hace la boca agua", la cual —evidentemente— es muy precisa). Si se mantiene el alimento el tiempo necesario en la boca, no hay duda de que el proceso digestivo es mucho más efectivo. Asimismo, es importante que el mismo sea debidamente triturado (mediante el proceso de la masticación) para que así pueda ser asimilado por el organismo con mayor facilidad.

Mientras que la masticación es un acto voluntario, la deglución del bolo alimenticio que se ha formado en la cavidad bucal es un reflejo que no puede ser controlado conscientemente, lo mismo que el resto del proceso digestivo. El simple acto de la deglución es tan complejo que muchos especialistas no logran explicarlo de una forma precisa, y aún en la actualidad con frecuencia surgen controversias sobre cómo es que se realiza. En general se podría decir que:

- La lengua y las mejillas mueven el bolo alimenticio hasta que el mismo se halla en una posición adecuada, de donde pasa rápidamente a la faringe (una estructura tubular estrecha que es el punto de cruce para el aire que se dirige a través de la laringe a los pulmones, y de los alimentos que pasan por el esófago para dirigirse al estómago), la cual lo empuja hacia el esófago.

2
EL ESOFAGO
Tiempo de procesamiento: 3 minutos

El alimento ingerido es impulsado en su corto viaje a través del esófago (un canal de unos 25 centímetros de largo, que lleva al estómago) por una acción muscular en forma de ondas (llamado movimiento peristáltico), el cual facilita el descenso de los alimentos. El esófago se une al estómago mediante un anillo muscular, el cardias, cuya función consiste en que el alimento pase al estómago y no refluya nuevamente hacia el esófago, junto con el jugo gástrico; si esto sucediera, se lesionaría el canal esofágico, irritándolo (en algunos casos, hasta se pueden formar tumoraciones debido a este reflujo esofágico). Ya en estos instantes, el bolo alimenticio se ha reducido a una especie de puré. Asimismo, los nervios le han dado la señal de alerta al estómago para que espere el alimento que le va a llegar, y éste empieza a segregar los jugos gástricos, los cuales son esenciales para la fase siguiente de la digestión.

3
EL ESTOMAGO
Tiempo de procesamiento: entre 2 y 4 horas

Una vez en el estómago (un órgano de aproximadamente litro y medio de capacidad), el alimento es sometido a la acción química de los jugos gástricos (ácido hidroclorhídrico, segregado por la mucosa que recubre al órgano) y a la acción mecánica de los movimientos musculares que descomponen aún más el alimento.

Hay dos tipos de acciones musculares que se producen en el estómago una vez que los alimentos llegan al órgano:

- La primera es la que consume más energía del cuerpo. Se trata de una acción que pudiera compararse con el acto de amasar, que realizan los panaderos y que demuele el alimento, el cual en estos momentos es ya una pulpa.
- La segunda acción muscular estomacal ejerce presión sobre el alimento hacia el exterior del estómago y lo lleva al intestino delgado. Al mismo tiempo que esto sucede, una pequeña parte del alimento es absorbido por las paredes del estómago como elemento nutritivo. No obstante, la realidad es que una porción muy pequeña del alimento que ingerimos es convertido en sustancia nutritiva en este momento; la mayor parte continúa un recorrido mucho más largo para que el organismo lo absorba.

En la base del estómago se halla una estructura en forma de válvula (llamada píloro) que une al estómago con el duodeno (la primera parte del intestino delgado). El píloro funciona en una forma muy compleja:

- Primeramente le permite el paso a sólo unas partículas del quimo (nombre que en este momento recibe el bolo alimenticio) hasta el duodeno.
- Entonces el duodeno examina las muestras del quimo, y —a través de un elaborado sistema de acción enzimática— decide con qué rapidez debe ser admitido el resto del quimo al intestino delgado.

Al mismo tiempo, los nervios le informan al estómago que el proceso ya se encuentra en acción y que las secreciones de los jugos gástricos deben disminuir. Así, este órgano reanuda la acción muscular suave que lo caracteriza cuando no se halla activo. Por eso es que, mientras más prolongados sean los intervalos entre una comida y otra, las contracciones del estómago se irán volviendo más intensas hasta que, finalmente, llegan a producir una sensación angustiosa que conocemos con el nombre de hambre.

4
EL INTESTINO DELGADO
Tiempo de procesamiento: entre 1 y 4 horas

El intestino delgado es un tubo de aproximadamente unos siete metros, y consta de tres partes:

- La primera (que es la más corta), es el duodeno.
- En el centro le sigue el yeyuno.
- Y, por último, le sigue el íleon.

En estas tres secciones es que se completa el proceso de la digestión, con la ayuda de las secreciones del páncreas y del hígado. El duodeno (que es el primer sector del intestino) recibe las secreciones de la vesícula biliar y del páncreas que —con sus enzimas— contribuyen a que la absorción de los alimentos sea adecuada, y a que las moléculas extraídas de los alimentos pasen a través de las paredes del intestino y se incorporen al torrente sanguíneo o al sistema linfático.

Las contracciones musculares mantienen el quimo en constante movimiento mientras se halla en el intestino delgado, y los alimentos —ya descompuestos— continúan siendo procesados hasta que están listos para ser tomados por el cuerpo, un proceso que recibe el nombre de absorción. Así, casi todas las porciones utilizables del alimento son absorbidas por las células del cuerpo, las cuales las almacenan en forma de grasas o son desprendidas en forma de energía en el mismo intestino delgado.

Es importante mencionar que el intestino delgado está cubierto por una membrana mucosa en la cual hay proyecciones membranosas en forma de dedos pequeños, las cuales reciben el nombre de vellosidades intestinales. Cada vello está provisto de un músculo que le permite mantenerse en posición horizontal cuando está en reposo pero, una vez que es estimulado por la presencia del quimo, hace que el vello adopte una posición vertical.

Esto quiere decir que, cuando el intestino delgado está activo, el área de la superficie interior de éste es mayor que su superficie exterior (añádale el área de la superficie de cada vello a la superficie del intestino mismo). El intestino delgado necesita toda esta área para poder realizar su difícil función de absorber las moléculas del alimento ya digerido. Mientras tanto, el movimiento muscular (llamado movimiento peristáltico intestinal) mueve el quimo a través del intestino delgado y empuja las porciones que no son utilizables a la próxima y última fase de la digestión: el intestino grueso.

5
EL INTESTINO GRUESO
Tiempo de procesamiento: 10 horas... o varios días

Ya el proceso de digestión y absorción ha concluido gracias a la acción muscular en el tracto digestivo, ayudados por las secreciones del hígado y del páncreas. Entonces... ¿qué le pasará a las partes del alimento ingerido que no pueden ser utilizadas por el cuerpo y que finalmente serán eliminadas como material de desecho? Pues bien, esa materia no digerible (es decir, el quimo no utilizable), que ahora ha sido reducida a un estado semilíquido, es impulsada hacia el intestino grueso (o colon). Una vez ahí será deshidratada hasta obtener la consistencia de heces fecales y enviada hasta el recto, para su expulsión al exterior (a través del ano), conjuntamente con las células desprendidas de las membranas que recubren el tracto digestivo.

Este proceso es complementado por movimientos musculares que mezclan y baten los residuos con la ayuda importante de millones de bacterias que viven habitualmente en el intestino grueso.

6
EL PANCREAS

El páncreas es un enorme órgano que mide entre 15 y 20 centímetros de largo, y su protuberancia final (o cabeza) se anida en la curva del duodeno. Incluye dos glándulas que presentan características diferentes:

- Una es una glándula de secreción externa, con funciones digestivas. Segrega el jugo pancreático, que contiene tres fermentos: **(1) la tripsina**, que actúa en la digestión de las proteínas; **(2) la amilasa**, que activa la transformación de las féculas en glucosa; y **(3) la lipasa**, que actúa sobre las grasas, descomponiéndolas en glicerina y ácidos grasos.

- La otra glándula es de secreción interna, y su función es segregar la hormona insulina, la cual interviene en el metabolismo de los hidratos de carbono, regulando el nivel de azúcar (glucosa) en el organismo. Si ocurre cualquier trastorno en este proceso, y el nivel de glucosa se eleva en la sangre, se produce la diabetes, una enfermedad muy peligrosa.

7
EL HIGADO

El hígado es la glándula más voluminosa del cuerpo, y pesa aproximadamente 1,500 gramos (en la persona adulta). Está ubicado en la parte superior derecha del abdomen, debajo del diafragma (en el llamado hipocondrio derecho). Funciona como una verdadera planta de procesos químicos, forma parte del aparato digestivo, y se encarga —entre otras funciones— de elaborar la bilis, la cual almacena en la vesícula biliar.

El hígado desempeña funciones muy importantes, ya que el metabolismo, la circulación, la digestión, y hasta la eliminación de las toxinas del organismo dependen de su buen funcionamiento:

- **La función biliar.** El hígado produce diariamente alrededor de 750 centímetros cúbicos de bilis, que se almacenan en la vesícula biliar. La bilis es esencial para la digestión de los alimentos (especialmente las grasas), y ejerce una acción intensa sobre la movilidad del quimo en los intestinos, acelerando la evacuación intestinal.
- **La función anti-tóxica.** Todas las venas procedentes del estómago y los intestinos se dirigen al hígado, a través de la vena porta, antes de llegar al corazón. En el interior del hígado, la vena porta se ramifica en numerosos capilares. Así, ciertas sustancias tóxicas son captadas por el hígado y transformadas en elementos inofensivos para el organismo, los cuales son expulsados por medio de la bilis y la orina.
- **La función metabólica.** El metabolismo de una sustancia consiste en todas las transformaciones que se efectúan durante su elaboración o degradación. El hígado desempeña un papel fundamental en el metabolismo a través de cuatro funciones muy importantes: **(1) La función glucogénica:** el hígado almacena los hidratos de carbono en forma de glucógeno y libera azúcar al torrente sanguíneo, de acuerdo a las necesidades del cuerpo (especialmente de los músculos); **(2) la función protéica:** el hígado sintetiza la urea (a partir del amoníaco producido en la digestión de los alimentos), la cual es recogida por la sangre, llevada al riñón, y eliminada por medio de la orina; **(3) la función lipoidea:** el hígado desempeña un papel muy importante en el almacenamiento y utilización de las grasas; y **(4) la función vitamínica:** el hígado interviene en la formación de la vitamina A y en la síntesis de la vitamina K, la cual es elaborada en el intestino y transportada al hígado (un elemento esencial para la coagulación sanguínea). La vitamina D también precisa del hígado para su activación.

Finalmente, otra función del hígado es la de destruir los glóbulos rojos envejecidos, descomponiéndolos en hemoglobina y otros componentes que luego pueden volver a ser utilizados. El hígado es el único órgano capaz de regenerarse a sí mismo. Si se extirpa una parte no superior al 45% de su superficie, es posible que recupere su peso inicial en aproximadamente cuatro meses.

8
LA VESICULA BILIAR

La vesícula biliar es un órgano en forma de pera, situado en la parte superior izquierda del abdomen, debajo del hígado, al cual está unida por medio de tejido fibroso. Su longitud promedio es de unos 13 centímetros, y su peso aproximado es de 170 gramos.

La vesícula biliar recoge la bilis que es elaborada por el hígado, y la almacena en forma concentrada. Cuando los alimentos pasan del estómago al duodeno, las hormonas gastrointestinales hacen que la vesícula biliar se contraiga y libere su contenido de bilis en el duodeno, donde emulsifica las grasas contenidas en los alimentos. No es un órgano absolutamente esencial en el cuerpo humano; los procedimientos quirúrgicos así lo demuestran.

¿POR QUE SURGEN LOS
TRASTORNOS DIGESTIVOS?

La mayoría de los desajustes del sistema digestivo suelen tener dos causas principales:

- Por un lado, es importante considerar las causas directamente fisiológicas, las cuales se hallan asociadas a excesos o deficiencias de determinadas sustancias, a un mal funcionamiento de los órganos asociados al proceso, así como a otros factores.
- Por otro lado, causas directamente relacionadas con el comportamiento síquico.

Las primeras resultan las más evidentes y no hay duda de que son las más fáciles de identificar y de —por supuesto— controlar.

- Consideremos el caso del estreñimiento. Este desarreglo, usualmente debido a una dieta pobre en fibra, puede ser debidamente controlado con una dieta que incluya más frutas, cereales, vegetales, o por medio de medicamentos que incluyan una alta concentración de fibras.
- También podría tomarse a modo de ejemplo el exceso de gases y la flatulencia, que pueden ser causados por una dieta pobre o no balanceada debidamente y que —en condiciones normales— pueden ser controlados por medio de medicamentos

especiales de venta libre en las farmacias, con propiedades antiácidas y de control de los gases.

- Las hemorroides —otro de los desajustes de este tipo, que suele ser especialmente incómodo y desagradable— cuenta entre sus factores fisiológicos el exceso de presión que suele realizarse para forzar al intestino grueso a expulsar los excrementos almacenados. Para corregir esta condición se suele recomendar la ingestión de líquidos, un aumento en el consumo de fibras (para facilitar el paso de los excrementos por el intestino), y prestar mucha atención a no reprimir los deseos de defecar porque esta retención puede alterar el ritmo normal de los intestinos. En estos casos, un suplemento de fibras es altamente recomendable.

- La acidez estomacal (un reflujo de los ácidos estomacales al esófago, que ocurre cuando los esfínteres del mismo se relajan), es una molestia bastante frecuente que afecta a millones de personas en todo el mundo (de acuerdo a estadísticas de la Organización Mundial de la Salud, los antiácidos constituyen los medicamentos de venta libre en las farmacias que mayor venta alcanzan mundialmente). Una tonicidad muscular deficiente en los esfínteres del esófago y el vaciado estomacal demorado pueden contribuir a aumentar esta molestia, así como la llamada hernia hiatal (un debilitamiento de las paredes del diafragma que altera la presión que mantiene a los esfínteres cerrados). Para prevenir esta molestia se recomienda no ingerir determinados productos, tales como el café, el chocolate, las bebidas alcohólicas, y los cigarrillos después de las comidas, así como evitar un exceso de actividad física que podría empeorar la molestia. Otra forma de prevenir esta molestia digestiva consiste en acostarse con la cabeza y el torso elevados, para de esta forma evitar el reflujo de los ácidos estomacales hacia el esófago durante la digestión.

Pero, ¿qué ocurre cuando todas las predicciones médicas no tiene efecto y los medicamentos más indicados no logran darle solución a los problemas de nuestro organismo? ¿No estaremos estrellándonos contra un muro de condicionantes más síquicas que fisiológicas? ¿Qué hacer cuando, por ejemplo, el estreñimiento no se debe a una deficiencia en la ingestión de fibras sino a la depresión, a la inactividad intestinal causada por tensiones síquicas, o cuando el exceso de gases no obedece a los alimentos ingeridos sino a la forma en que se ingieren...? Todas estas situaciones relacionadas con los trastornos digestivos van a ser debidamente consideradas en los capítulos siguientes.

CONVIENE SABERLO...

1
CUANDO LOS ALIMENTOS LLEGAN
AL ESTOMAGO... ¿QUE SUCEDE?

Una vez que los alimentos llegan al estómago, los mismos estimulan la secreción del jugo gástrico, el cual es segregado por las membranas que recubren este órgano en su in-terior, y el cual contiene:

- Enzimas: la pepsina (que descompone las proteínas), la renina (que convierte la leche en cuajo), y la lipasa;
- ácido clorhídrico, una sustancia corrosiva que podría destruir las paredes del estómago (esto es lo que sucede en el caso de las úlceras gástricas), a menos que se halle en forma diluida; su función es neutralizar las bacterias que hayan sido ingeridas con los alimentos, y al mismo tiempo proporciona el ambiente propicio a la pepsina para que desarrolle su actividad; y
- el llamado factor intrínseco, el cual es esencial para la absorción de la vitamina B-12 en el intestino delgado.

Es importante considerar que las paredes del estómago alojan igualmente 40 millones de células glandulares que segregan diferentes elementos químicos (cada tipo de célula tiene una función específica), así como una sustancia viscosa (el mucus), la cual constituye una barrera que impide que el estómago se digiera a sí mismo. No obstante la acción de todos estos elementos neutralizantes formidables (y la de los líquidos que ingerimos en los alimentos), la condición normal del estómago es ligeramente ácida, lo cual hace que no puedan desarrollarse en él micro-organismos (las bacterias, por ejemplo).

2
¿COMO ESTAN FORMADAS
LAS PAREDES DEL ESTOMAGO?

Las paredes del estómago están formadas por tres capas de músculos longitudinales y cir-culares, los cuales se contraen y relajan rítmicamente (cada 20 segundos) presionando, constriñendo y mezclando los alimentos con el jugo gástrico; el efecto de este movi-miento —y la acción del ácido clorhídrico— convierte a los alimentos semisólidos que han llegado a él en una pasta cremosa. Tan precisa y eficiente es esta labor que realiza el estómago, que es capaz de descomponer cualquier porción de alimento que haya sido tragada precipitadamente, sin haber sido triturada previamente en la boca. El tiempo que toma este proceso digestivo varía de acuerdo con el tipo de alimento que haya sido inge-rido.

Pero a pesar de la importancia que tiene el estómago en el procesamiento de los alimentos que se ingieren, en realidad no es un órgano esencial para el organismo; es más, una persona puede continuar viviendo con sólo una porción del estómago, o inclusive si el órgano completo ha sido extirpado (en este caso, se requiere una alimentación muy especial para no sobrecargar las funciones del intestino delgado, siempre bajo atención médica).

3
¡LOS INTESTINOS SON MUY SENSIBLES A FACTORES INTERNOS Y EXTERNOS!

Debemos tener en cuenta que la fase más activa de todo el proceso digestivo es la que tiene lugar en los intestinos (especialmente en el intestino delgado), donde se desarrolla la digestión final de los elementos nutritivos ingeridos y donde éstos pasan a la sangre a través de las células. Más tarde, en el intestino grueso (o colon) tiene lugar la desecación de los residuos del proceso anterior y su almacenamiento antes de ser expulsados en forma de heces fecales mediante fuertes contracciones musculares del mismo. No es de extrañar que entre los trastornos más frecuentes del sistema digestivo se halle la irritación intestinal, una combinación de gases, dolores, inflamaciones y cambios de los hábitos intestinales, que producen diarreas, estreñimiento (o ambos síntomas alternados).

Se ha comprobado que las personas que sufren habitualmente de estos desajustes intestinales muestran una sensibilidad poco común en los nervios de la pared exterior de los intestinos. Tal vez sea ésta, también, una de las causas de la mayor sensibilidad de las personas que con frecuencia padecen de irritación intestinal debida al estrés y a las tensiones diarias. Se ha podido comprobar que aquellas personas que padecen frecuentemente de irritación intestinal igualmente sufren fácilmente de estados depresivos, se ven embargadas por situaciones de ansiedad, y se encuentran afectadas por diferentes factores sicológicos, algunos de los cuales pueden provocar serios trastornos en ellos. Bajo situaciones de estrés, o en respuesta a determinados alimentos, la hipersensibilidad del intestino grueso (o colon) provoca espasmos que o bien pueden acelerar el ritmo del movimiento de los gases y de los excrementos, como disminuirlo... presentándose entonces una situación anormal que produce dolor, estreñimiento, o diarreas.

Asimismo, es preciso considerar que el colon es, también, sumamente sensible a los trastornos hormonales, lo que explica que los problemas anteriormente mencionados sean frecuentes entre las mujeres en los días previos a la menstruación o durante el embarazo, momentos durante los cuales el equilibrio hormonal femenino se altera completamente.

CAPITULO 2

¿ACIDEZ ESTOMACAL? NO LA SUBESTIME... ¡SU SALUD PODRIA ESTAR SERIAMENTE AMENAZADA!

Infinidad de personas se preocupan si se les presenta un dolor en el pecho, inmediatamente se apresuran a pensar que sufren de alguna afección cardíaca, e inclusive temen que el síntoma sea el aviso de un ataque al corazón que se presentará inminentemente. Sin embargo, muchos "dolores en el pecho" son causados en realidad por una condición que recibe el nombre de **acedía** (o **indigestión ácida**, llamada médicamente **pirosis**), la cual se produce si los ácidos gástricos del estómago son devueltos al esófago, provocando irritación, inflamación, e inclusive ulceraciones.

Normalmente, el sistema digestivo está diseñado para impedir el también llamado reflujo gastroesofágico, ya que el esófago es el conducto que transporta los alimentos que ingerimos de la faringe al estómago, mediante contracciones musculares coordinadas. Cuando se produce la acedía, ello significa que existe un trastorno digestivo que impide que el músculo que sella la entrada al estómago (esfínter) funcione normalmente (el cual sólo se debe relajar para permitir el paso de los alimentos sólidos o líquidos): o bien el esfínter no sella debidamente, o se relaja indebidamente, y por ello los ácidos estomacales pasan nuevamente al esófago, provocando una sensación sumamente molesta y peligrosa. Se trata de un trastorno, pero no una enfermedad, como muchos pudieran creer, equivocadamente. Afecta a personas de todas las edades, aunque es más frecuente en las que tienen más de 60 años.

Muchas personas que sufren de acidez estomacal se limitan a controlar los síntomas tomando medicamentos antiácidos, muchos de ellos de venta libre en las farmacias. Sin embargo, se trata de una condición mucho más seria de lo que podamos imaginar; si no es tratada y controlada debidamente, sus consecuencias pueden ser muchas... ¡incluyendo el peligroso cáncer esofágico!

Aunque el nombre pudiera no resultar familiar para muchas personas, con sus síntomas no ocurre lo mismo, porque... ¿quién no ha sufrido —aunque sea una vez en su vida— esa desagradable sensación de quemazón y ardentía en el estómago (debajo del esternón o hueso del pecho) que caracteriza al llamado trastorno de reflujo gastroesofágico (o condición de reflujo gastroesofágico)? Las encuestas y estadísticas internacionales indican que esta condición es muy común. Tan sólo en los Estados Unidos (un país donde se llevan estadísticas muy precisas sobre las situaciones médicas y sus causas), se estima que el 44% de los norteamericanos sufren de acidez estomacal por lo menos una vez al mes. Asimismo, según estadísticas de la **Organización Mundial de la Salud (OMS)**, se estima que hasta el 10% de la población mundial sufre de acidez estomacal crónica.

Es decir, para un pequeño grupo de la población (aproximadamente ese 10% que muestran las estadísticas), la acidez estomacal no constituye una molestia que se manifiesta ocasionalmente, sino un problema crónico, cuyos síntomas se presentan diariamente y afectan la calidad de sus vidas; inclusive, la condición puede llegar a amenazar seriamente su salud, por dramática que pudiera parecer esta afirmación.

La avalancha de nuevos medicamentos para controlar la acidez estomacal que ha surgido en los últimos años —vendidos con o sin receta médica— ha conseguido mejorar el reconocimiento público y médico de esta condición, pero al mismo tiempo ha agudizado los falsos conceptos que siempre ha existido con respecto a la seriedad potencial que puede encerrar el trastorno, así como la confusión acerca de cómo la condición debe ser tratada.

Por ejemplo: muchas personas estiman que, debido a la alta efectividad de los medicamentos antiácidos que hoy están disponibles en el mercado, no hay necesidad de ver al médico para controlar la acidez estomacal; evidentemente, no consideran los posibles efectos secundarios y las complicaciones escondidas que pudieran derivarse de tomar diariamente un medicamento que únicamente logra aliviar los síntomas momentáneamente, enmascarando los factores que en verdad están causando el trastorno.

Entonces, ¿cuál es la forma más indicada de controlar y tratar la acidez estomacal? ¿Qué daños y riesgos puede ocasionarle a la salud la presencia crónica de esta condición? ¿Hay maneras naturales de evitarla... y controlarla?

¿CUALES SON LAS CAUSAS DE LA ACIDEZ ESTOMACAL?

Consideremos nuevamente cómo se inicia el proceso de la digestión:

- Normalmente, al tragar los alimentos que ingerimos (después de masticarlos en la cavidad bucal), éstos pasan por el esófago hasta el estómago a través del esfínter esofágico bajo.
- Este anillo muscular (situado en la base del esófago), se abre momentáneamente para dejar pasar los alimentos, pero seguidamente se cierra fuertemente para obligar a los alimentos y jugos digestivos a permanecer en el estómago.

- Si el mecanismo del esfínter esofágico bajo falla al cerrarse, entonces parte del contenido del estómago refluye (o regresa) al esófago, provocando la acidez estomacal.
- Ese reflujo de los ácidos del estómago pueden incluso alcanzar la boca, produciendo un desagradable sabor amargo y una sensación de quemazón en la garganta.

Si esto sucede durante el sueño, parte del material ácido regurgitado puede pasar al tracto respiratorio causando tos, síntomas asmáticos, o hasta neumonía. Otros síntomas posibles de la acidez estomacal crónica incluyen:

- Dolores en el pecho para los que no existe explicación alguna, muchas veces confundidos con síntomas de un ataque al corazón.
- Irritación y sensación de malestar en la garganta. A veces los pacientes experimentan una rara sensación de tener algún objeto atascado en la garganta.
- El esmalte de los dientes es erosionado.
- Se presenta cierta dificultad al tragar.

Pero si bien los síntomas característicos de la acidez ocasional pueden ser momentáneamente muy incómodos o molestos, el daño oculto que causa el reflujo crónico de los ácidos estomacales puede terminar provocando enfermedades muy serias. Entre ellas:

- Inflamación y erosión crónica del esófago.
- Ulceras esofágicas.
- Formación de tejido cicatrizante que reduciría la apertura a través de la cual los alimentos ingeridos tienen que pasar.
- Por último, las células que revisten el esófago podrían volverse cancerosas debido a la erosión a la que el conducto está sometido por los ácidos gástricos.

¿CUAL ES EL TRATAMIENTO A SEGUIR?

Teniendo en cuenta las serias complicaciones que pueden derivarse de una situación de acidez estomacal crónica, es evidente que aplacar temporalmente sus síntomas con los medicamentos que se venden libremente en cualquier farmacia, no es la terapia adecuada. El objetivo de todo tratamiento médico debe ser, básicamente, detener o reducir al máximo la frecuencia del reflujo ácido.

- En el mercado hay en la actualidad numerosos medicamentos antiácidos de venta libre, los cuales neutralizan el ácido cáustico que afecta al esófago. La acción de los mismos es muy rápida, aunque a veces es preciso tomar dosis adicionales o aumentar la frecuencia de las mismas.
- Pero también en la actualidad se emplean los llamados **bloqueadores de hidrógeno (o bloqueadores H-2)**, que suprimen la secreción gástrica, y no se limitan a

aliviar únicamente los síntomas de la acedía. Su efecto se prolonga durante varias horas, mucho más que el antiácido accesible al público sin receta médica.

Ahora bien, mientras la acción de los antiácidos es casi inmediata, en el caso de los bloqueadores H-2 pueden demorar una hora (o más) antes de que su acción comience. Por ese motivo, es recomendable que:

- Estos bloqueadores H-2 sean tomados anticipadamente, cuando se va a ingerir una comida abundante o muy condimentada.
- Sin embargo, para una situación de acedía ocasional, lo más recomenable es recurrir a los medicamentos antiácidos.

RECOMENDACIONES A OBSERVAR...

Si la acidez estomacal se convierte en un trastorno que se manifiesta con frecuencia, antes de recurrir a un medicamento antiácido es conveniente realizar algunos cambios en el estilo de vida, los cuales pueden reportar alivio significativo (o total). Entre ellos:

- Evite ingerir aquellos alimentos que estimulen las secreciones ácidas del estómago, tales como los muy condimentados, el café, el jugo de frutas cítricas, el chocolate, la menta. Esos alimentos relajan el esfínter a la entrada del estómago.
- Modere el consumo de bebidas alcohólicas; considere que el alcohol estimula la producción de los ácidos gástricos.
- Evite el consumo de bebidas carbonatadas, las cuales distienden el estómago e incrementan la presión que contribuye al reflujo.
- Reduzca el consumo de alimentos ricos en grasa.
- Es preferible comer limitadamente (cuatro o cinco veces durante el día) que ingerir una comida muy abundante.
- No se acueste después de haber ingerido alimentos; tampoco haga ejercicios físicos después de las comidas.
- Después de haber comido, camine (a paso moderado) durante 20 ó 25 minutos.
- Evite el exceso de peso.
- No fume.
- Evite usar ropa muy ceñida, especialmente después de las comidas.
- Aproveche la ley de la gravedad: eleve la cabecera de la cama para evitar adoptar una posición completamente horizontal al dormir, de manera que los ácidos estomacales se mantengan en el estómago. Considere que el emplear varias almohadas (como hacen muchas personas para evitar una situación de acedía) eleva solamente la cabeza, y puede agravar el reflujo gastroesofágico.
- Las actividades que estimulan la salivación (como masticar goma y chupar caramelos) pueden ayudar a aliviar los síntomas de la acidez, al bañar el esófago con saliva alcalina.

Es importante considerar que la acidez estomacal también puede ser provocada por:

- Algunos medicamentos que se emplean para tratar otras condiciones (aspirina, por ejemplo). Por lo tanto, de existir esta posibilidad, el paciente deberá hablar con su médico para cambiar de medicamento o para que le recomiende algún otro tratamiento alterno que no cause el reflujo gastroesofágico.

Si no se obtiene el alivio adecuado, además de los ya muy conocidos medicamentos antiácidos tradicionales, en la actualidad también existe una amplia variedad de medicinas que pueden ser prescritas por el médico y que permiten ayudar a controlar la condición. Entre éstos:

- **Bloqueadores de hidrógeno.** No requieren prescripción facultativa. Estos nuevos medicamentos interfieren con la sustancia que activa la secreción de los ácidos estomacales. Deben ser tomados siguiendo celosamente las instrucciones que ofrecen los productos, incluyendo la frecuencia y el tiempo durante el cual pueden ser administrados.
- **Bloqueadores de hidrógeno de mayor potencia.** Estos medicamentos sí requieren la prescripción médica. Pueden ser tomados solos o en combinación con otros medicamentos.
- **Sulcrafato**, una sustancia que cuando es tomada antes de las comidas cubre el esófago y previene la irritación ácida.
- **Medicamentos que promueven la motilidad** del tracto digestivo. Estos medicamentos (llamados agentes pro-motilidad), deben ser recetados por el médico y tomados con el estómago vacío para acelerar el paso de los alimentos a través del tracto digestivo. De esta manera se reduce la presión del contenido del estómago sobre el esfínter esofágico, impidiendo que se abra.
- **Inhibidores de bombas de protones.** Estos medicamentos —para los cuales también es necesario obtener la receta del médico— son aún más potentes que los mejores supresores de hidrógeno. Pueden reducir los ácidos en el estómago hasta en un 90%.

Finalmente, si todos los tratamientos anteriores no producen los resultados esperados, la cirugía para ajustar el esfínter esofágico ha sido —desde hace tiempo— un procedimiento de último recurso, pero generalmente efectivo. Sin embargo, la cirugía laparoscópica, que ha sido perfeccionada recientemente para controlar el reflujo gastroesofágico severo y crónico, además de ofrecer alivio permanente, podría ser incluso preferible a pasar décadas de tratamiento con costosos medicamentos tratando de controlar la acidez estomacal.

13 PREGUNTAS (FUNDAMENTALES)
SOBRE LA ACIDEZ ESTOMACAL

Durante los últimos años se han desarrollado numerosos medicamentos que están a la venta sin prescripción médica, dirigidos a combatir la acidez estomacal; han inundando el mercado internacional y establecido una fuerte competencia con las píldoras y cocteles antiácidos tradicionales. Las compañías farmacéuticas parecen haber vuelto su atención a las personas que sufren de acidez estomacal, y no injustificadamente; después de todo, ya que representa un gran mercado, el cual están tratando de controlar.

Esa acidez o malestar que se presenta después de las comidas puede ser una molestia en cualquier etapa de la vida (considere que hasta ya hay versiones de antiácidos para niños); sin embargo, es extremadamente fuerte y frecuente a medida que la persona avanza en edad. Tan sólo en los Estados Unidos, se estima que alrededor de unos 60 millones de adultos sienten esos pinchazos quemantes detrás del esternón por lo menos una vez al mes, y el 25% los experimenta todos los días. ¡Se trata de una situación que, evidentemente, preocupa a los médicos!

Pero no sólo es la frecuencia de los ataques lo que hace que esta condición sea particularmente molesta; la acidez estomacal puede llegar incluso a interferir con la vida cotidiana. En una encuesta realizada entre pacientes que sufren de ataques recurrentes de acidez estomacal (llevada a cabo por la Corporación Quirúrgica de los Estados Unidos):

- El 50% de las personas que respondieron voluntariamente a los cuestionarios que se les proporcionó aseguró que la quemazón interna producida por la acidez estomacal interfería muchas veces con su trabajo.
- El 34% reportó que sus síntomas de acidez inclusive afectaban su vida sexual.

Ciertamente, las nuevas medicinas contra la acidez que se venden libremente en las farmacias ofrecen más opciones para el tratamiento de esta condición tan común, pero también pueden terminar provocando más confusión que alivio. Por ejemplo: ¿debe usted conformarse con un antiácido tradicional para neutralizar la sensación de quemazón que siente en el estómago... o debe probar una nueva píldora para neutralizarla completamente? Si usted elige un medicamento neutralizante, ¿deberá seleccionar uno que alivie la acidez estomacal o necesita recurrir a otro que promete prevenirla completamente?

Tomar este tipo de decisiones no es tan fácil como pudiera parecer; el paciente necesitará tener en cuenta una serie de elementos muy importantes acerca del origen de la acidez estomacal que sufre y sus posibles consecuencias, y no dejarse guiar sólo por las campañas publicitarias intensas que se le hacen a cada uno de estos medicamentos con el propósito de controlar el mercado.

Por otra parte, algunos especialistas han comenzado a mostrar su preocupación ante la posibilidad de que todas estas nuevas medicinas terminen por alentar a la población a tomar el problema de la acidez estomacal muy a la ligera, sin llegar a tomar consciencia de que la acidez persistente y severa es una condición que necesita atención médica inmediata. Tratándola por su cuenta, el paciente se está arriesgando a sufrir serias consecuencias. ¿Cuáles son las más efectivas con respecto a la acidez estomacal? A continuación le ofrecemos 13 preguntas (con sus respuestas) que resumen todo lo que usted necesita saber para controlar adecuadamente ese fuego interior que le tortura ante cualquier exceso en la alimentación.

1
INDIGESTION, ACIDEZ, O ATAQUE AL CORAZON...
¿COMO SABER DE QUE SE TRATA?

Aunque esta pregunta pudiera parecer absurda, la realidad es que los médicos de las salas de emergencia en los hospitales frecuentemente tienen que convencer a sus pacientes de que no están sufriendo un ataque cardíaco, sino simplemente un episodio de acidez estomacal. Más frecuentemente aún, algunas personas que están experimentando los primeros síntomas de un ataque al corazón, descartan las señales que el cuerpo les envía considerándolos simplemente como acidez, algunas veces con resultados fatales. Es decir, la confusión es grande con respecto a ambas condiciones.

- La acidez estomacal se puede confundir fácilmente con un ataque cardíaco porque sus molestias se localizan en el área donde se encuentra ubicado el corazón. Pero mientras que un ataque al corazón es típicamente descrito como "un dolor aplastante, incapacitante", la acidez estomacal se limita a "una aguda sensación de quemazón en el estómago".
- De igual forma, el dolor que se presenta con un ataque al corazón puede irradiar hacia el cuello o hacia uno o los dos brazos; la acidez, en cambio, está localizada con precisión en un área específica, y sus síntomas se ubican únicamente en el pecho y —algunas veces— en la garganta.
- Además de las molestias debajo del esternón que causa la acidez estomacal, el paciente puede tener también un sabor ácido en la boca, conjuntamente con una sensación de carraspera y una garganta irritada.

La indigestión, por su parte, es un trastorno que ocurre en el estómago o en los intestinos; sus síntomas se limitan a náuseas, gases u otros problemas digestivos.

2
¿POR QUE PERSONAS QUE NUNCA
ANTES SUFRIERON DE ACIDEZ ESTOMACAL
COMIENZAN A PADECERLA A MEDIDA
QUE AVANZAN EN AÑOS?

No está completamente claro por qué la acidez estomacal es una condición que tiende a empeorarse a medida que la persona avanza en edad:

- Algunos especialistas estiman que, como la obesidad exacerba el problema, la tendencia del ser humano a aumentar unos kilos de peso con cada año que pasa puede estar relacionada con este fenómeno.
- Otros, en cambio, señalan el hecho de que a medida que avanzamos en edad somos más propensos a tomar medicamentos que incrementan la acidez estomacal. Se ha comprobado que hay medicamentos que son un factor determinante en el desarrollo de la acedía.

Sin embargo, a cualquier edad que se presente, la acidez estomacal es un problema de sensibilidad personal.

Cada día, el estómago de la persona promedio produce más de un litro de ácido clorhídrico, una sustancia altamente corrosiva que también se encuentra en los disolventes que se emplean en las industrias, aunque en concentraciones mucho más altas. Aunque los anuncios de los remedios contra la acidez le confiere al ácido del estómago una reputación negativa, la realidad es que el ácido por sí mismo no es dañino. Los hombres prehistóricos probablemente lo necesitaban para proteger sus estómagos de las bacterias presentes en los cuerpos de los animales con que se alimentaban. Hoy, el ácido estomacal no es estrictamente necesario; aunque ayuda a descomponer las proteínas dietéticas, las enzimas presentes en el intestino pueden realizar esa labor con facilidad. Además, como el estómago está revestido con una capa mucosa protectora, el ácido no causa problemas, siempre y cuando sus niveles se mantengan dentro de los límites que son considerados como normales.

Desafortunadamente, el ácido estomacal ocasionalmente se sale de su sitio. Cuando tragamos los alimentos, una pequeña válvula situada al final de esófago (el esfínter esofágico bajo) se abre por suficiente tiempo como para permitir que las partículas de los alimentos, masticadas, pasen al estómago (el llamado bolo alimenticio). De vez en cuando —y especialmente después de comer— esta válvula se relaja. A veces, esta abertura temporal es bienvenida (por ejemplo, no podríamos eructar sin ella); sin embargo, la válvula relajada también permite que el ácido gástrico en el estómago ascienda por el esófago, un fenómeno llamado reflujo gastroesofágico, más conocido comúnmente como acedía.

Todas las personas experimentan el reflujo gastroesofágico por lo menos unas pocas veces en el día, pero no en todas se presenta esta condición con los síntomas característicos de la acidez estomacal. La manifestación de la acidez podría estar relacionada con otros factores:

- Una válvula débil que deja el esófago expuesto al ácido estomacal por períodos prolongados.
- El desarrollo de una hernia hiatal, una condición en la cual la parte superior del estómago se proyecta forzadamente en el pecho a través de una abertura en el diafragma, haciendo que el ácido gástrico llegue al esófago.
- El contenido del estómago podría ser particularmente ácido, así que una simple salpicadura de éste en el esófago obliga a la persona afectada por esta condición a correr en busca de un medicamento antiácido.
- O, simplemente, el revestimiento de su esófago pudiera ser especialmente sensitivo.

3
¿SON LAS MEDICINAS LA UNICA SOLUCION?

No necesariamente, sobre todo si la persona sólo sufre de acidez en forma ocasional. Algunas veces, todo lo que las personas necesitan para encontrar alivio a la acedía es beber un vaso de agua que le permita limpiar el ácido del esófago. Si esta medida no fuera suficiente, es conveniente realizar algunos cambios en el estilo de vida, los cuales prácticamente se reducen a dejar de ingerir muchos de los alimentos que más complacen a la mayoría de las personas (como por ejemplo, el chocolate, y el café).

Los estudios muestran que el chocolate puede causar acidez, al igual que el ajo, las cebollas, la menta, y casi cualquier comida de alto contenido en grasas. Estos alimentos, junto con todas las bebidas alcohólicas, parecen estimular la producción de unas sustancias similares a las hormonas que son capaces de debilitar la válvula esofágica e impedir que ajuste debidamente al cerrar.

También algunos alimentos pueden causar acidez sin relajar la válvula entre el estómago y el esófago. Las frutas cítricas, el café, y cualquier comida que incluya tomate pueden irritar el esófago con sólo entrar en contacto con él, si hacer falta que se produzca el reflujo.

4
LOS ATAQUES DE ACIDEZ... ¿ESTAN SIEMPRE RELACIONADOS CON LO QUE HEMOS COMIDO?

No. Tener acidez estomacal no siempre constituye un problema que se manifiesta como consecuencia de lo que se haya comido, sino del volumen de alimentos ingeridos y de lo que se hace después de comer. Cualquier comida abundante, por ejemplo, puede expandir el estómago y abrir forzosamente la puerta al esófago. Asimismo, acostarse después de comer empeora la situación, ya que la fuerza de la gravedad deja de trabajar a favor del proceso digestivo.

Entre otros factores que pueden desencadenar un episodio de acidez estomacal también se encuentran:

- Fumar. El cigarrillo reseca la boca y disminuye el volumen de saliva, la cual normalmente protege al esófago de los ácidos estomacales.
- Usar ropas muy ceñidas. Un par de pantalones apretados puede ejercer presión en la cintura y el abdomen, forzando al ácido estomacal a desplazarse hacia el esófago.
- Hacer ejercicios después de las comidas. Ejercitarse después de ingerir alimentos promueve los síntomas de la acidez. De igual forma, flexionarse para recoger algo después de haber comido también produce el mismo efecto. En general, cualquier actividad física o posición adoptada que incremente la presión sobre el esfínter del esófago contribuye a que se manifieste la acidez estomacal.

5
¿QUE PRINCIPIO BASICO DEBE SEGUIRSE
EN LA PREVENCION DE LA ACIDEZ?

Para evitar la acidez estomacal, el principio a seguir es simple:

- Vigilar tanto la dieta como los hábitos. Es preciso identificar qué factores están provocando la manifestación de los síntomas... y evitarlos.

Por ejemplo, algunas personas encuentran alivio con sólo ajustar menos su cinturón, y de esta forma reducir la presión abdominal; o no acostándose después de las comidas, de manera que el nivel de ácido estomacal tenga tiempo de reducirse. Otras medidas que se pueden tomar para evitar los ataques de acidez estomacal son:

- Elevar la parte superior del torso mientras se permanece acostado, para de esta forma prevenir que el ácido estomacal pase al esófago. Una almohada adicional podría no ser suficiente; lo recomendable es adquirir una cuña de espuma de goma para colocarla debajo del colchón, o colocar un trozo de madera debajo de las patas de la cabecera de la cama, para elevarla a un plano adecuado.
- Perder peso, si el paciente presenta un exceso.
- Dejar de fumar, si lo hace.
- Evitar el alcohol, o por lo menos reducir el volumen de bebidas alcohólicas que se consumen.
- La acidez estomacal puede ser también provocada por algunos medicamentos que se emplean para tratar otras condiciones; por lo tanto, de existir esta posibilidad, el paciente deberá hablar con su médico para cambiar los medicamentos o seguir algún otro tratamiento alterno (igualmente impuesto por el médico) que no cause la acidez estomacal.
- Actividades que estimulan la salivación, como masticar goma y chupar caramelos, pueden ayudar a aliviar los síntomas de la acidez estomacal al bañar el esófago con saliva alcalina.

6
¿COMO AFECTA EL ESTRES
LA ACIDEZ ESTOMACAL?

La realidad es que el estrés no incrementa el volumen de ácido gástrico que pasa al esófago en el reflujo gastroesofágico, pero sí hace que aumente la percepción de éste. En un estudio reciente que fue llevado a cabo por la **Fundación Clínica de Gastroenterología** (en Cleveland, Estados Unidos):

- Varios adultos que habían recibido el diagnóstico de padecer de acidez estomacal severa recibieron una alimentación a base de comidas identificadas como capaces de desencadenar episodios de acidez, y después colocados ante unas situaciones generadoras de tensión (como problemas matemáticos que debían resolverse en un tiempo determinado y competencias de juegos de computadoras).

- Los voluntarios aseguraron que el estrés al que habían sido sometidos provocó que su reflujo de ácido estomacal fuera peor; sin embargo, los monitores esofágicos mostraron que el ácido estomacal que ascendió al esófago realmente disminuyó durante las investigaciones.

7
¿CUANDO PODRIAN RESULTAR NECESARIOS LOS NUEVOS MEDICAMENTOS CONTRA LA ACIDEZ?

Quizás el paciente haya reducido la grasa de su dieta y hasta eliminado completamente las frutas cítricas, pero no se controla cuando se trata del café o del chocolate. Los medicamentos antiácidos que se venden sin prescripción médica pueden ayudar a aliviar los sufrimientos provocados por esas indulgencias ocasionales. Ahora bien, para determinar si sería mejor emplear las nuevas medicinas en lugar de los antiácidos más familiares, el paciente deberá preguntarse: "¿Quiero un alivio instantáneo o tal vez sería mejor tolerar un poco de molestias con tal de alcanzar una recompensa más duradera?".

Tanto los antiácidos tradicionales (como los nuevos neutralizadores de hidrógeno) que se venden sin receta médica van a calmar la sensación de quemazón que se siente en el esófago, pero ambos grupos se diferenciarán en la rapidez con que actúan y la duración de su efecto.

- La mayoría de los antiácidos tradicionales contienen algún tipo de sustancia amortiguadora que rápidamente se combina con el ácido estomacal y forma un compuesto neutral. El reflujo continuará después de que el paciente haya tomado el medicamento, pero el fluido será inofensivo; el alivio llegará en cuestión de minutos. Sin embargo, a medida que el contenido estomacal se mueva a través de los intestinos, también lo harán los agentes neutralizadores... Y si el estómago produce más ácido, los síntomas pueden aparecer nuevamente. Por lo general, los antiácidos tradicionales son efectivos por sólo una hora (aproximadamente).
- Los llamados bloqueadores de hidrógeno, por su parte, obtienen su nombre del hecho que bloquean las señales histamínicas que le indican al estómago que produzca más ácido. Cuestan más que los antiácidos tradicionales y tardan más en aliviar los síntomas (por lo menos 30 minutos, aunque algunos tardan hasta 90 minutos), pero sus efectos son más duraderos. Algunos estudios demuestran que algunos bloqueadores de hidrógeno inclusive pudieran detener la producción de ácido estomacal hasta por 9 horas, lo cual quiere decir que estos medicamentos también pueden ser usados en forma preventiva; es decir, tomar una píldora 30 minutos antes de comer algún alimento preferido que, lamentablemente, causa acidez.

8
ENTRE TODOS LOS BLOQUEADORES DE HIDROGENO DISPONIBLES SIN PRESCRIPCION MEDICA, ¿CUAL DEBE USTED PREFERIR?

Cada bloqueador de hidrógeno que se comercializa en la actualidad parece prometer algo diferente: algunos aseguran tener un efecto mucho más duradero, mientras que otros garantizan poder prevenir completamente la acidez estomacal. Sin embargo, según los especialistas, la realidad es que todos los bloqueadores de hidrógeno son prácticamente idénticos y ninguno ofrece una verdadera ventaja sobre el otro, independientemente de lo que proclamen los laboratorios que los comercializan.

9
¿ES CORRECTO TOMAR UN ANTIACIDO DESPUES DE CADA COMIDA?

No. Los antiácidos y los bloqueadores de hidrógeno sin prescripción médica pueden ser muy útiles cuando se trata de obtener solamente un alivio ocasional, pero tomarlos por más de tres semanas seguidas nunca es recomendable. La única excepción son los antiácidos a base de calcio; éstos sí pueden ser tomados con seguridad como un suplemento diario de calcio.

El sobreuso de algunos antiácidos puede causar efectos secundarios (típicamente diarreas o estreñimiento), pero si los síntomas de acidez estomacal se presentan dos o más veces a la semana, es evidente que el paciente requiere atención médica. En estos casos, lo más probable es que la persona tenga una condición más seria: la llamada condición de reflujo gastroesofágico.

10
¿QUE DIFERENCIAS EXISTEN ENTRE LA ACIDEZ OCASIONAL Y LA ENFERMEDAD DEL REFLUJO GASTRO-ESOFAGICO?

Mientras que los síntomas de la acidez estomacal ocasional son casi siempre desatados por un alimento o actividad específica, los de la condición de reflujo gastroesofágico no necesitan ningún agente provocador. En muchos casos, las personas que padecen de esta condición tienen una hernia hiatal o un defecto en la válvula esofágica que permite que el ácido del estómago se escape frecuentemente hacia el esófago. Además, mientras que la acidez estomacal ocasional no va a tener mayores consecuencias que sus molestos síntomas, en la condición de reflujo gastroesofágico casi siempre se presenta algún tipo de daño al esófago.

11
¿POR QUE ES PELIGROSO USAR MEDICAMENTOS SIN PRESCRIPCION PARA TRATAR POR CUENTA PROPIA LA ENFERMEDAD DEL REFLUJO GASTROESOFAGICO?

El peligro de usar medicamentos que no requieren prescripción médica para tratar por cuenta propia la condición de reflujo gastroesofágico reside en que estos medicamentos sólo eliminan una parte de la exposición ácida, suficiente para aliviar los síntomas, pero no para prevenir el daño a largo plazo. Los baños regulares de ácido al esófago pueden terminar provocando serias consecuencias; entre ellas:

- Esofagitis. La inflamación del revestimiento del esófago es desarrollada hasta en el 50% de todos los pacientes que padecen de la condición de reflujo gastro-esofágico.
- Formación de tejido cicatrizante que estrechará la abertura hacia el estómago y provocará problemas en la alimentación. Los ataques recurrentes de esofagitis pueden llegar a dejar la parte baja del esófago con tejido cicatrizante, lo cual estrechará la abertura hacia el estómago. Los pacientes que presentan este tipo de estrechez se quejan de que los alimentos se les "quedan en la garganta". Usualmente, los alimentos pueden ser forzados hacia el estómago por medio de fluidos, pero en casos severos, un médico deberá extraerlos y expandir la abertura del esófago por medio de un dilatador especial.
- Cáncer del esófago. Todos estos cambios en el revestimiento del esófago pueden ocasionar el desarrollo de una condición pre-cancerosa. Y —aunque raro— el cáncer del esófago es el factor que provoca la muerte al 90% de sus víctimas en un período de menos de cinco años.

12
¿CUAL ES EL MEJOR TRATAMIENTO PARA LA ENFERMEDAD DEL REFLUJO GASTRO-ESOFAGICO?

Vigilar la dieta, elevar la cabecera de la cama a un nivel adecuado, y evitar las ropas ceñidas pueden minimizar los síntomas de la acidez estomacal, pero no prevenir el daño al esófago a largo plazo; por lo tanto, el tratamiento de la condición de reflujo gastro-esofágico casi siempre exigirá un tratamiento médico serio y continuo.

Aunque los bloqueadores de hidrógeno bajo prescripción médica constituyeron una vez la terapia común para esta condición, los médicos han estado volviendo su atención hacia otros tipos de medicamentos; entre ellos:

- **Agentes promotilidad.** Vendidos únicamente bajo prescripción médica y llamados así porque están dirigidos a promover la motilidad del tracto digestivo, estos medicamentos incrementan la velocidad a la cual el estómago se vacía, dándole así al ácido gástrico menores oportunidades de causar problemas. Estos agentes promotilidad también parecen hacer que la válvula esofágica se cierre más fuertemente, reduciendo el volumen de reflujo que pudiera pasar al esófago.

- **Inhibidores de bombas de protones.** Recomendados para casos mucho más serios, esta categoría de medicamentos —también bajo prescripción médica— son reductores de ácido, igual que lo son los bloqueadores de hidrógeno (aunque mucho más potentes). Los bloqueadores de hidrógeno interfieren con las histaminas, pero éstas son sólo uno de los tres mensajeros químicos que le envían señales a las células del estómago para producir más ácido. Los inhibidores de bombas de protones evitan que los tres mensajeros cumplan sus funciones, deteniendo virtualmente la producción total de ácidos estomacales. Antes de que estos medicamentos fueran diseñados, muchos pacientes necesitaban someterse a dilataciones mensuales para mantener su esófago abierto o —de lo contrario— no podían comer; los otros medicamentos no eran suficientes.

13
SI SE PADECE DE REFLUJO GASTROESOFAGICO, ¿SE DEBEN TOMAR MEDICINAS INDEFINIDAMENTE?

No, siempre y cuando el paciente esté decidido a someterse a la cirugía. Someterse a una operación quirúrgica para darle solución a esta condición fue durante mucho tiempo una opción de último recurso; sin embargo, las nuevas técnicas laparascópicas han convertido este procedimiento en una alternativa atractiva hasta para las personas cuya condición de reflujo gastroesofágico no puede ser tratada por medio de medicamentos. Según la opinión de cirujanos especializados del **Colegio de Gastroenterología de los Estados Unidos**, este tipo de operación permite controlar la condición en el 90% de los casos.

Es importante considerar que el procedimiento antiguo implicaba una incisión de 15 a 25 centímetros, dolor, y un largo período de recuperación. Hoy, la intervención quirúrgica es practicada por medio de la laparoscopía y sólo requiere cinco incisiones pequeñas. Muchos de los pacientes que en la actualidad optan por el procedimiento simplemente se resisten a tomar medicamentos por el resto de su vidas. Y la realidad es que no se trata sólo de un problema de mayor o menor conveniencia: aunque es cierto que hasta una cirugía relativamente menor puede parecer como un tratamiento bastante radical, ni los medicamentos más fuertes contra la acidez estomacal pueden prevenir siempre parte del daño creado por la condición de reflujo gastroesofágico.

De acuerdo a las estadísticas internacionales, cada día es mayor el número de pacientes que se someten anualmente a este tipo de cirugía. Y aunque es probable que el bisturí nunca llegue a reemplazar completamente a los medicamentos antiácidos en la batalla contra la acidez estomacal, es reconfortante saber que las nuevas técnicas quirúrgicas pueden ser útiles para ayudar a aplacar esa acidez estomacal que tantas molestias provoca.

CONVIENE SABERLO...

1
FACTORES QUE ACTIVAN LA APARICION
DE LA ACIDEZ ESTOMACAL

Ciertos alimentos y circunstancias incrementan la posibilidad de que se manifieste la acidez estomacal y sus síntomas. Entre ellos:

- El ingerir alimentos ácidos, como pueden ser las frutas y los jugos cítricos, y también los tomates.
- Los alimentos ricos en grasas, picantes, o muy condimentados.
- Las bebidas de alto contenido de cafeína (como el café, el té, y los refrescos a base de cola).
- Fumar.
- El ingerir bebidas alcohólicas, chocolate, y menta.
- Las estadísticas muestran que las personas que presentan sobrepeso o son mayores de 65 años de edad, presentan un riesgo más alto que el promedio de sufrir de acidez estomacal.
- El uso de la aspirina y otros medicamentos anti-inflamatorios; irritan las membranas que recubren el estómago.
- Ejercitarse, acostarse, o dormir inmediatamente después de una comida principal sin duda promueve los síntomas de la acidez.
- De igual forma lo hace el flexionarse para recoger algo del suelo después de haber comido; también, el usar ropa ceñida, que comprime la cintura o el abdomen.
- En general, cualquier actividad o posición que incremente la presión ejercida sobre el esfínter del esófago contribuye a que se manifiesten los síntomas de la acidez estomacal.

2
¿CUALES SONLOS SINTOMAS
DE UNA SITUACION DE ACEDIA?

Los síntomas de la acedía se manifiestan aproximadamente una hora después de haber comido y pueden prolongarse durante varias horas. Pueden ser leves o severos; la frecuencia también puede variar, y por lo general se producen (o se empeoran) por la noche:

- Regurgitación del contenido del estómago a la boca, lo cual provoca un sabor ácido desagradable.
- Una sensación de quemazón en el pecho.
- Dificultad al tragar.

- A veces se manifiesta un dolor abdominal ligero.
- Vómitos (no siempre).

La causa fundamental de la acedía es el relajamiento del esfínter inferior del esófago, el cual normalmente impide que los alimentos ya en el estómago pasen nuevamente al esófago. Esto puede ser provocado por:

- Una hernia hiatal (parte del estómago se proyecta hacia el tórax).
- El embarazo.
- La diabetes.
- La escloderma, un trastorno inmunológico que hace que el sistema de defensas del cuerpo (inmunológico) ataque sus propios tejidos.
- Una úlcera o tumor que se haya formado en el esófago.
- Un trastorno digestivo que hace que la eliminación de los ácidos gástricos sea en extremo lenta.

3
LA CIRUGIA PUEDE CURAR
LA ACIDEZ ESTOMACAL

En muchas ocasiones, la acidez estomacal se debe a una condición médica que solamente puede ser corregida por medio de la cirugía. Considere:

- En condiciones normales, la acedía es causada por el estrés al que el paciente está sometido diariamente, a los excesos en las comidas, y al ingerir los alimentos indebidos.
- Sin embargo, ese reflujo gastroesofágico también puede ser ocasionado por alguna deficiencia en la válvula que se encuentra entre el esófago y el estómago (esfínter esofágico bajo), lo cual permite que los alimentos vuelvan a pasar al esófago, irritándolo. En estos casos, una vez que el especialista comprueba que los medicamentos antiácidos en realidad no son efectivos, considera someter al paciente a la cirugía laparascópica.
- Mediante la misma —y a través de una serie de pequeñas incisiones en el vientre del paciente— se introducen luces, diminutas cámaras de video e instrumentos quirúrgicos que le permiten al cirujano maniobrar mientras observa todo el proceso en un monitor de televisión, a su lado.
- La parte superior del estómago se tuerce alrededor del esófago y se mantiene en esa posición por medio de puntos.
- Como resultado de este procedimiento, se logra restaurar el funcionamiento normal de la válvula deficiente.

Este procedimiento quirúrgico fue diseñado en los años cincuenta, pero con los avances que ha alcanzado la tecnología laparascópica en los últimos años, en la actualidad se realiza constantemente, lo cual evita molestias y facilita la recuperación del paciente (en la mayoría de los casos, puede regresar a sus actividades cotidianas al día siguiente de haber sido sometido a la cirugía).

¿Es efectivo y seguro el procedimiento? Sí es efectivo, pero pueden presentarse complicaciones, aunque es importante aclarar que las mismas son raras. Entre los riesgos se halla la posibilidad de que se presente una perforación, motivo por el cual los especialistas sólo recurren a la cirugía debido a la inefectividad de los medicamentos antiácidos disponibles.

CAPITULO 3

¿POR QUE DUELE
EL ESTOMAGO?

Consideremos una situación hipotética, pero que en la vida real pudiera ser más frecuente de lo que a veces imaginamos: anoche cometió ciertos excesos en la cena, e ingirió más alimentos de los debidos, además de que algunos incluían elementos que, definitivamente, son irritantes... Tal vez bebió dos o tres copas de vino... No es de extrañar que a medianoche se haya tenido que levantar de la cama con una molestia persistente que se le manifestaba en el área específica del estómago... En otras palabras, el dolor que se manifiesta después de haber cometido un exceso de este tipo es normal; se trata de un trastorno estomacal que debe ser atendido, desde luego, pero al que no se le debe prestar mayor importancia... únicamente evitar esas situaciones de exceso en lo sucesivo para prevenir molestias similares.

Ahora bien, si sus hábitos alimenticios no han variado últimamente, y usted ha observado la moderación recomendable con respecto a los alimentos que ingiere habitualmente, entonces el dolor estomacal puede deberse a otros factores... y debe ser investigado rápidamente, ya que puede ser síntoma de diferentes condiciones que afectan su salud: desde una situación tan sencilla como los gases, hasta el desarrollo de algún tipo de tumoración, que inclusive pudiera ser cancerosa. Considere las siguientes condiciones, las cuales vamos a tratar en los capítulos a continuación.

CUANDO EL ESTOMAGO SE ENFERMA,
SURGEN LOS PROBLEMAS ESTOMACALES...

Además de los defectos congénitos con los que en ocasiones nace el bebé (la obstrucción intestinal, por ejemplo), son muchos los factores que pueden provocar los llamados problemas estomacales en el ser humano; pero además, como el estómago es un órgano que sirve de reserva o almacén para los alimentos, con frecuencia se producen alteraciones en su funcionamiento. Veamos algunos de ellos:

1
LAS INFECCIONES

El ácido clorhídrico que segrega el estómago lo protege de desarrollar infecciones, destruyendo muchas de las bacterias, virus, y hongos que llegan hasta él con los alimentos que se ingieren y que no han sido debidamente procesados. Ahora bien, cuando esa función de protección es insuficiente, se producen las peligrosas infecciones gastrointestinales, las cuales se presentan en diferentes formas. Todas deben ser atendidas rápidamente, bajo la debida supervisión del médico.

2
LAS ÚLCERAS

Las lesiones en el tracto digestivo son frecuentes, y se presentan en diferentes formas, tamaños, y áreas. Es más, las personas que sufren de una úlcera péptica o duodenal sienten cierto alivio al ingerir alimentos, un factor al que se le debe prestar especial atención, ya que es una evidencia de que se está desarrollando una lesión en el tracto digestivo, la cual debe ser atendida rápidamente.

Aunque en los últimos años se ha comprobado que las úlceras son causadas, en su mayoría, por una bacteria (la Helicobacter pylori, que habita en el estómago), algunos factores (como las dosis de aspirina o el consumo excesivo de café, por ejemplo) pueden empeorar cualquier lesión en el sistema digestivo, y provocar dolor. La aspirina (lo mismo que otros medicamentos), neutraliza la capacidad del estómago de sanarse a sí mismo.

El ácido clorhídrico y otros jugos digestivos que son segregados por el estómago, a veces atacan las paredes de este órgano. En condiciones normales, desde luego, el estómago evita este proceso de autodestrucción, no solamente al segregar mucosidades que se combinan con los ácidos estomacales, sino por medio de la rapidez con que las células dañadas de la superficie de las paredes intestinales son reemplazadas por las de capas más profundas.

No obstante, hay muchos elementos que pueden interrumpir en un momento dado este balance tan delicado y perfecto. Uno de ellos es la secreción excesiva de ácidos, lo que provoca las llamadas úlceras pépticas, que probablemente constituyen la deficiencia más seria que se puede producir en el órgano. Generalmente, las úlceras pépticas son provocadas por el estrés, por una lesión (una quemadura, un accidente, después de que la persona ha sido sometida a la cirugía), o como consecuencia de una infección bacterial; sin embargo, hay casos en los que se presentan sin que exista una causa aparente para ello.

Las paredes del estómago pueden ser igualmente dañadas por el consumo excesivo de aspirinas o alcohol, lo que genera acidez y causa la gastritis (que es la inflamación de las paredes del estómago). De no ser debidamente controlada, la gastritis degenera casi siempre en la ulceración de las paredes estomacales.

3
LOS TUMORES

- El cáncer del estómago es frecuente y muchas veces fatal, porque sus síntomas son confundidos inicialmente con los de una indigestión. Al principio, el tratamiento médico se orienta en esa dirección, mientras que la tumoración maligna continúa avanzando. Una vez que el diagnóstico es finalmente definitivo, el cáncer ha avanzado demasiado y generalmente ha hecho metástasis en otro órgano; por este motivo, su control se dificulta más. No obstante, hay una serie de síntomas que pueden sugerir el desarrollo de una tumoración maligna en el estómago, por lo que se les debe prestar atención inmediata (especialmente si el individuo pasa de los 50 años de edad). Vea el epígrafe Tumoraciones cancerosas en el sistema digestivo. También en el estómago se pueden desarrollar tumores benignos (pólipos), los cuales deben ser extirpados quirúrgicamente.
- Los tumores en el intestino delgado son raros, pero los linfomas y las tumoraciones carcinoides ocurren, así como los crecimientos benignos.
- Por contraste, las tumoraciones cancerosas en el intestino grueso son muy comunes (las estadísticas muestran una incidencia cada vez mayor de esta condición). Asimismo, se pueden presentar pólipos benignos en el colon, los cuales —si no son atendidos debidamente— continúan su desarrollo y evolucionan hasta convertirse en tumoraciones cancerosas.

4
LOS DESAJUSTES DEL SISTEMA INMUNOLOGICO

Cuando las paredes del estómago no producen el llamado factor intrínseco (una sustancia que facilita la absorción de la vitamina B-12) se presenta una atrofia en sus paredes que ––al mismo tiempo— provoca una deficiencia en el volumen de ácido clorhídrico que elabora para digerir los alimentos. En estos casos, se manifiesta la llamada anemia perniciosa, la cual puede ser detectada por el especialista mediante pruebas que permiten determinar la capacidad de la persona para absorber la vitamina B-12.

5
LOS TRASTORNOS INTESTINALES

Podría decirse, en forma figurativa, que el llamado síndrome del intestino irritable es un síntoma de que el sistema digestivo no está conforme con los alimentos que usted está ingiriendo. En otras palabras: no existen las ulceraciones, pero sencillamente a los intestinos se les dificulta el proceso de mover los alimentos.

Como consecuencia de esta condición, es muy probable que se presenten las diarreas, el estreñimiento, la inflamación... tal vez una sensación inexplicable de llenura. Al mover el vientre, es muy posible que el dolor se alivie... pero se presentará nuevamente, una y otra vez... y debe ser atendida, desde luego.

6
EL ENVENENAMIENTO POR ALIMENTOS

También es una condición que causa dolor en el vientre... y es muy frecuente, aunque muchas veces no le atribuimos a este factor ese dolor que se pueda manifestar en el vientre.

Es preciso estar conscientes de que muchos alimentos se descomponen fácilmente, a pesar de que no siempre es posible detectar que su estado no es óptimo... Si estos alimentos son ingeridos en proceso de descomposición (con bacterias, hongos y otros micro-organismos), no hay que dudar de que el organismo responde a ellos manifestando dolor.

7
LOS GASES

El aire que tragamos durante el proceso de la masticación, o el gas metano que se produce durante la digestión de determinados alimentos (como los frijoles, por ejemplo) puede quedar atrapado en el sistema digestivo y ocasionar molestias... hasta que es liberado por medio de los erutos o los gases intestinales.

8
OTROS DESAJUSTES

A veces el estómago se desarrolla en proporciones anormales, y esto se debe a las cicatrices que pudieran haber quedado de una úlcera péptica. También pudiera presentarse la llamada estenosis pilórica, una condición rara pero muy grave, que se debe al estrechamiento (y posible obstrucción) de la salida del estómago, provocando el estancamiento del contenido gástrico y que se presenta cuando se estrechan los puntos de salida del estómago.

La obstrucción del estómago (que se presenta en raras ocasiones, causada por torsión o anudamiento) es llamada **vólvulus**.

Son todos estos trastornos digestivos los que vamos a tratar en los capítulos siguientes, de una forma fácil, que sea comprensible para el lector que necesita ayuda y orientación.

A VECES EL ESTRES AFECTA
LOS PROCESOS DIGESTIVOS...

Culpar al estrés de todos los males físicos que padecemos es algo que se ha ido convirtiendo en una verdadera tendencia de la sociedad contemporánea... Con frecuencia atribuimos al estrés desde el más simple dolor de cabeza que nos pueda afectar hasta el hecho de que no hagamos buenas digestiones... y esto no siempre es así, desde luego. No obstante, no deja de ser cierto que el estrés puede ser uno de los factores más negativos y peligrosos a los que debemos enfrentarnos diariamente.

Igualmente, es preciso aceptar que los efectos que el estrés excesivo puede tener en nuestro organismo son múltiples. De todas formas, sería inexacto afirmar que el papel del estrés en los desórdenes intestinales (en particular), y de todo el organismo (en general), es definitivo... y los especialistas están conscientes de esta realidad.

No obstante, en determinadas ocasiones los efectos del estrés y la ansiedad sobre el funcionamiento del sistema digestivo son fácilmente identificables. En el caso específico de las diarreas, por ejemplo, la acción de determinados medicamentos especiales para controlar este desorden en sí (tratando únicamente los factores fisiológicos), puede ser nula, mientras que la acción de un medicamento antidepresivo (que pueda tener, además, una acción antiespasmódica) puede eliminar las diarreas y los dolores y molestias asociados a ella. De todo esto se infiere que:

- En ocasiones, el factor estrés puede ser la causa indirecta (pero principal) de estos trastornos digestivos; una vez que sea controlado, es muy posible que se eliminen sus efectos nocivos.

Lo más probable es que esa colitis, las diarreas, y las indigestiones frecuentes no se deban a causas físicas... ¡sino a los conflictos emocionales! Si no los controla, su salud puede quedar afectada muy seriamente.

A continuación le presentamos cinco trastornos digestivos que están causados directamente por el estrés... ¡Es posible evitarlos!

PERO… ¿QUE ES EL ESTRES?

Se escribe mucho actualmente sobre el estrés, de los estados de ansiedad y de los estados de tensión que afectan nuestro funcionamiento en la vida, enfermándonos física y mentalmente... Sin embargo, es muy importante que definamos en una forma muy fácil qué es el estrés, porque sus efectos son devastadores. De acuerdo con la **Asociación Médica de los Estados Unidos**,

- El estrés es cualquier interferencia que perturbe el equilibrio mental y físico de una persona, casi siempre en respuesta a estímulos físicos y síquicos (éstos pueden ser desde situaciones de violencia a conflictos emocionales internos).

Ante una situación que genere estrés, el organismo responde automáticamente incrementando la producción de determinadas hormonas (entre ellas se encuentran el cortisol y la epinefrina), las cuales provocan cambios en el ritmo cardíaco, afectan los niveles de la presión arterial, influyen en el metabolismo, y en la actividad física total del individuo para que éste pueda actuar adecuadamente. En un número elevado de personas,

- El estrés afecta directamente sus funciones digestivas, provocando malestares severos en el abdomen, específicamente en el área que se encuentra entre el esófago y el colon.

Estos malestares pueden ser de diferentes tipos:

- Dolores.
- Sensación de llenura.
- Náuseas.
- Diarreas.

Así, se ha podido comprobar que un alto porcentaje de los pacientes que acuden a sus consultorios quejándose de problemas de indigestión, colitis, diarreas, etc. en realidad no presentan ningún tipo de problema físico que esté provocando en ellos esos síntomas, sino que el factor causante de todos sus trastornos es sólo uno: el estrés.

Curiosamente, aunque el estrés afecta por igual a hombres y mujeres, cuando sus efectos negativos se reflejan en las vías digestivas, por lo general es más frecuente en las mujeres (según las estadísticas)... y en mujeres jóvenes que, sencillamente, deben enfrentarse diariamente a una serie de responsabilidades que no siempre pueden cumplir adecuadamente y que, por ello, provocan situaciones de ansiedad y tensión que llegan a desequilibrar completamente el funcionamiento de sus sistemas digestivos.

El hecho de que la relajación pueda ofrecer resultados más efectivos que los medicamentos indicados para controlar estos trastornos digestivos debidos al estrés demuestra la importancia de los factores sicológicos como causantes de muchos problemas del sistema digestivo. Un ejemplo de los beneficios de determinados medicamentos para controlar las deficiencias digestivas se puede comprobar cuando la ingestión de relajantes musculares elimina (o disminuye) la desagradable acidez estomacal, debida también a fuertes tensiones emocionales... mientras que los medicamentos empleados para atenuar las causas fisiológicas (externas) no ejercen la debida acción benéfica.

Otro de los casos en que se puede apreciar claramente la nociva acción del estrés sobre nuestro organismo se presenta cuando observamos el incremento en la producción de gases. Según los investigadores de los efectos del estrés en el sistema digestivo, "tragar aire en respuesta a una situación de estrés puede aumentar la producción de gases". "Cada vez que tragamos ingerimos un volumen determinado de aire, el cual pasa inmediatamente a nuestro tracto digestivo", explica el **Doctor William Whitehead**, Sicólogo de la **Universidad de Carolina del Norte** (en los Estados Unidos). "Bajo una situación de estrés grande, se tiende... inconscientemente, desde luego... a tragar un mayor volumen de aire que el que pasa normalmente al sistema digestivo, ya sea al comer demasiado rápidamente o al beber líquidos constantemente".

Este fenómeno no se presenta únicamente al comer. En el caso de las personas que fuman, bajo una situación de estrés se aumenta no sólo el consumo de cigarrillos, sino que la inspiración del humo suele ser más profunda, lo cual también aumenta considerablemente el volumen del aire que pasa al tracto digestivo, al que afecta negativamente. Y en el caso de los no fumadores, la goma de mascar —por ejemplo— puede provocar resultados similares.

Otros trastornos digestivos pueden también ser causados directa o indirectamente (o ser agravados) por desajustes emocionales, estados anímicos negativos, y otras manifestaciones del estrés y la ansiedad.

¡LOS PEQUEÑOS PROBLEMAS NERVIOSOS MUCHAS VECES PROVOCAN GRANDES TRASTORNOS GASTRICOS!

Cuando los médicos analizan los efectos del estrés sobre las vías digestivas del ser humano, toman en cuenta varios factores. En primer lugar, para experimentar un estado de estrés que desajuste el funcionamiento del aparato digestivo no se necesita sufrir una gran catástrofe financiera, ni recibir la noticia de que un miembro de la familia está enfermo de gravedad, u otra situación de crisis similar. Una crisis gástrica se puede desatar por cualquier factor de menos importancia, como pueden ser la densidad del tráfico a la hora de regresar de la oficina, o una discusión con un compañero de trabajo, o el hecho de que no encontramos en el supermercado el producto determinado que deseamos cuando vamos a comprarlo... Es posible que en algunas personas estos elementos no provoquen ansiedad de ningún tipo; en otros individuos, sin embargo, sometidos probablemente a presiones intensas en otros aspectos de su vida, les hace perder toda la ecuanimidad... Si la situación que genera estrés se mantiene por algún tiempo, no es de extrañar que la persona afectada se enferme, y casi siempre su sistema digestivo será el primero en sufrir las consecuencias de ese estado de tensión que no ha logrado ser canalizado en la forma adecuada (vea la información adicional que aparece en esta misma página).

¿CUALES SON ESAS
CINCO AFECCIONES DIGESTIVAS
QUE CON MAS FRECUENCIA
PROVOCA EL ESTRES?

1
DISPEPSIA

La dispepsia nerviosa no es más que el término médico para la indigestión nerviosa que todos conocemos; es decir, una variedad de síntomas provocados por los alimentos ingeridos (incluyendo los dolores abdominales, las náuseas, la flatulencia, la acidez, etc.) que no se reflejan en ninguna placa de rayos X que se le pudiera tomar a la persona afectada cuando se le presenta un ataque severo. Tampoco es posible identificarla por medio de análisis de sangre o de otros fluidos, y ni siquiera el reconocimiento táctil del médico puede determinar que el paciente sufre de dispepsia.

En otras palabras, un conjunto de síntomas se manifiestan a la vez y afectan el sistema digestivo del individuo; los mismos casi siempre son diferentes según cada paciente. Por ejemplo:

- Una persona puede digerir muy lentamente los alimentos que ingiere porque sufre de dispepsia, y diferentes factores harán más lento el paso de los alimentos del estómago a los intestinos.
- Otra, en cambio, se siente llenísima a pesar de haber comido moderadamente.
- Algunas se quejan de una sensibilidad tan extrema en todo el área del vientre, que inclusive al médico se le dificulta palparla para un reconocimiento.

Por lo general la dispepsia nerviosa es provocada por el estrés, pero si la condición se vuelve recurrente, entonces muy bien podría estar provocada por una úlcera péptica, cálculos biliares, o la inflamación del esófago (esofagitis).

¿COMO SE DIAGNOSTICA
LA DISPEPSIA NERVIOSA?

Hay diferentes métodos que permiten eliminar la posibilidad de que la indigestión esté causada por otros factores que no sean el estrés. Entre ellos se encuentran los siguientes:

- El ultrasonido, que revela por el eco de las ondas sonoras, la presencia de cualquier tumor que se pudiera estar desarrollando en el tracto gastrointestinal, así como un desgarramiento interno, u otro factor físico.
- Los rayos X.

- La endoscopía, que consiste en introducir —a través de la boca— un tubo flexible con luz, el cual puede ser movido a voluntad por el médico en su búsqueda de piedras o cálculos en la vesícula biliar, ulceraciones, y otras manifestaciones de condiciones físicas en el estómago o en cualquier otro órgano del sistema digestivo.
- Entrevistas con los pacientes para comprobar si padecen de algún tipo de alergia a determinado alimento, y que sea éste el factor que esté provocando la situación de dispepsia.

Una vez que esas investigaciones revelan que no existen esas condiciones físicas para que se manifieste la indigestión, el diagnóstico no puede ser otro que el de dispepsia nerviosa, la cual no puede definirse físicamente, ya que se trata del resultado de una alteración nerviosa que sufre el paciente.

¿QUE HACER?

Controlar el estrés, por supuesto. Asimismo, es preciso seguir las recomendaciones siguientes ante la dispepsia nerviosa:

- Eliminar aquellos alimentos que provocan la condición, los cuales muchas veces pueden ser identificados después del segundo ataque.
- Ingerir alimentos tres o cuatro veces al día, a horas establecidas, y sin prisas.
- Tomar medicamentos **antiácido**s, o beber leche.
- Es posible que el especialista recete algún tranquilizante al paciente para aliviar la tensión que siempre desencadena una situación de este tipo.

Si los dolores abdominales persisten por más de seis horas, o si se presentan vómitos frecuentes, o heces fecales anormalmente oscuras, entonces es preciso ver al médico cuanto antes.

2
GASTRITIS

La gastritis es otra enfermedad de las vías digestivas que provoca la irritación, inflamación, o infección de las paredes del estómago, y que con frecuencia es atribuida al estrés. Sus síntomas son los siguientes:

- Náuseas ligeras; diarreas.
- Vómitos (ocasionalmente).
- Dolores abdominales y calambres.
- Pérdida del apetito.

- Fiebre.
- Un estado de debilidad general.
- Inflamación del área abdominal.
- Dolor en el área del tórax.
- Sabor ácido en la boca.
- Gases.

Muchas veces, estos síntomas despiertan a medianoche a la persona afectada. Sin embargo, a diferencia de la dispepsia nerviosa, la gastritis no es una consecuencia directa de un estado de estrés severo o de excitación nerviosa, ya que por lo general sus causas son otras:

- Exceso de ácido estomacal, provocado por el consumo excesivo de bebidas alcohólicas, el comer en exceso (especialmente alimentos que la persona no puede digerir fácilmente), y por el hábito de fumar.
- Alergia a determinados alimentos.
- Una infección viral.
- El abuso de algunos analgésicos (la aspirina, entre ellos) o de medicamentos anti-inflamatorios no esteroides (como el ibuprofen)... ambos suelen irritar las paredes del estómago y provocar la gastritis.

No obstante, una vez que se presenta una situación de gastritis, la misma puede ser agravada considerablemente por un estado de estrés; inclusive puede provocar el sangramiento de las paredes del estómago (en casos raros, y generalmente en ancianos). Asimismo, entre sus complicaciones a veces se presentan ulceraciones o perforaciones en las paredes del estómago, ya que el ácido gástrico llega a erosionar los tejidos completamente. En situaciones de este tipo, la cirugía es imprescindible.

¿QUE HACER?

Una vez que se presenta la gastritis, además de neutralizar los factores que están provocando estrés, es preciso:

- Beber líquidos abundantemente (preferiblemente leche o agua).
- Cuando los síntomas se alivien, reanudar la dieta habitual, lentamente... e ingerir alimentos con moderación.
- Evitar aquellos alimentos que son difíciles de digerir, así como los que están muy condimentados.
- No fumar.
- El médico le puede recomendar medicamentos antiácidos.

3
ULCERA GASTRICA

La úlcera gástrica es una irritación que se desarrolla en un punto definido del tejido que cubre las paredes del estómago, y es más frecuente en adultos entre los 20 y los 45 años de edad. La diferencia básica entre una úlcera gástrica y una situación de dispepsia nerviosa son las siguientes:

- El dolor que causa la úlcera es más agudo que el de la dispepsia. El paciente siente una especie de quemazón en el área superior del abdomen, debajo del diafragma. Muchas veces este dolor es confundido con una situación de indigestión, acidez, e inclusive hambre... y si bien puede ser aliviado por medio de algún medicamento antiacido o con leche, el dolor vuelve a manifestarse.
- En la úlcera, el dolor puede durar entre 30 minutos y 3 horas; por lo general no se presenta después de las comidas, sino en los espacios de tiempo entre las mismas.
- La úlcera muchas veces es provocada por alguna sustancia irritante que el individuo ingiere con frecuencia (aspirina, ibuprofén, alcohol, cigarrillos, café, alimentos muy condimentados, etc.).
- Desde hace ya varios años se ha comprobado que en una gran mayoría de los casos, las úlceras son provocadas por una bacteria específica (la Helicobacter pylori), responsable del 80% de las mismas. Esta bacteria va cavando verdaderos túneles en las paredes del estómago, privando a éste de la protección que esas mucosas le ofrecían contra todo tipo de irritaciones.

LA INFLUENCIA DEL ESTRES
EN LA FORMACION DE LAS ULCERAS

La tensión nerviosa, las ansiedades, el estrés, y otros estados emocionales similares debilitan las defensas normales del organismo contra la invasión de las bacterias, y éste es el motivo por el que muchos médicos consideran que el sistema digestivo se vuelve vulnerable a la invasión de la bacteria Helicobacter pylori, causante de una gran mayoría de las úlceras pépticas. Pero, además, es preciso considerar que las tensiones también fomentan —por lo general— ciertos hábitos dañinos para la salud (como pueden ser fumar, beber un exceso de alcohol, e ingerir esos alimentos saturados de grasa y difíciles de digerir, definitivamente con poco valor nutritivo).

Desde luego, también es preciso considerar que los individuos que presentan ciertos tipos de personalidades propensas a sumirse en estados de ansiedad parecen estar predispuestos a desarrollar las úlceras gástricas... aun sin tomar cantidades excesivas de medicamentos o ingerir alimentos irritantes. Estas son las personas que con frecuencia se entregan a emociones depresivas y situaciones de estrés progresivo; es decir, individuos que no parecen poder controlar sus propias vidas... y es evidente que estos factores provocan en ellos un malestar e irritación estomacal perenne debido a la secreción excesiva y constante de ácidos estomacales.

¿QUE HACER?

De nuevo, controlar la situación o los factores que provocan el estrés. Además:

- No tomar aspirinas ni medicamentos anti-inflamatorios.
- El médico puede recetar medicamentos antiácidos para neutralizar las secreciones gástricas de ácido clorhídrico; también, los llamados bloqueadores H-2.
- Ingerir porciones moderadas de alimentos, varias veces en el día, por dos semanas.
- No ingerir bebidas alcohólicas.
- Por supuesto, no fumar ni ingerir bebidas con alto contenido de cafeína (café, té, refrescos).

Es importante examinar las heces fecales diariamente para detectar cualquier señal de hemorragias. Si las heces fecales son oscuras, vea a su médico inmediatamente.

4
SINDROME DE LA IRRITACION INTESTINAL (COLITIS ESPASTICA)

Otra de las enfermedades reales que afectan a muchas personas debido al estrés es el síndromde de irritación intestinal que se caracteriza por dos síntomas opuestos:

- El estreñimiento.
- Las diarreas.

A este síndrome también se le ha dado el nombre de colitis espástica, que se caracteriza por la inflamación y la irritación de los intestinos. Todos los estudios realizados hasta el presente sobre esta condición revelan que los síntomas —los cuales se pueden manifestar por días, semanas, e inclusive por meses— son:

- Dolores y calambres en el área central del bajo abdomen (o hacia un lado). Este dolor por lo general desaparece con el movimiento fecal.
- Náuseas.
- Gases.
- Episodios de diarreas, seguidos por períodos de estreñimiento.
- Fatiga.
- Pérdida del apetito (en algunas ocasiones).

Los conflictos emocionales que provocan ansiedad y depresión desencadenan —invariablemente— la colitis espástica, aunque el hecho de ingerir una dieta impropia puede agravar la situación.

¿QUE HACER?

Para el tratamiento de la colitis espástica, provocada por el estrés, los especialistas recomiendan:

- Medicamentos anti-espasmódicos, para aliviar los dolores provocados por los calambres abdominales.
- Tranquilizantes, para neutralizar los estados de ansiedad.
- Cambios en la dieta, incrementando el consumo de alimentos ricos en fibra, para estimular el movimiento fecal.
- Descanso.
- Más que todo, los médicos insisten en que este síndrome puede ser controlado una vez que desaparecen las situaciones que provocan estrés en el individuo; en muchos casos, la ayuda de un sicólogo que ofrezca la debida orientación es conveniente.

5
DIARREA AGUDA

Los conflictos emocionales a veces los detectamos cuando comprobamos que sufrimos de diarreas; la diarrea es un síntoma y no una enfermedad... téngalo siempre presente. Una inmensa mayoría de las personas que sufren de diarreas, de inmediato consideran que "algo les cayó mal" o que "determinado alimento estaba en mal estado". Sin embargo, todos los estudios realizados sobre las causas de las diarreas demuestran que un alto porcentaje de los casos están provocados por estrés. ¿Sus síntomas?

- Dolores abdominales o calambres.
- Heces fecales líquidas.
- Fiebre (en ocasiones).
- Incontinencia del movimiento fecal (a veces).

¿QUE HACER?

- Si los dolores y calambres abdominales son intensos, aplíquese compresas calientes en el abdomen.
- Puede tomar algún medicamento de venta libre en las farmacias recomendado especialmente para contener las diarreas.
- Si las diarreas se presentan con náuseas, chupe hielo.
- Si no siente náuseas, beba algún líquido (té, caldo, soda) o ingiera gelatina... hasta que las diarreas desaparezcan.

- Una vez que la condición cese, ingiera alimentos suaves (cereales, arroz, papas asadas, yogurt) por uno o dos días.
- A los tres días, reanude la dieta normal. Evite las frutas, el alcohol, y los alimentos condimentados por varios días.

CONCLUSION

Cualquier medida que tomemos para cuidar nuestro sistema digestivo y prevenir las diferentes molestias que se puedan presentar en él son pocas. Este sistema —que involu-cra a tantos órganos que desarrollan tantas funciones diferentes— es uno de los principales causantes de la mayoría de las molestias físicas que experimentamos con mayor frecuencia, por lo que nuestra actitud irresponsable ante las mismas debe ser neutralizada cuanto antes. Cada vez que sienta náuseas o se le presenten diarreas, vómitos o acidez estomacal, no piense en que se trata de males pasajeros; considere que se trata de un malestar que puede tener implicaciones serias y que requiere de la atención de un especialista. ¡Vea a su médico cuanto antes!

CONVIENE SABERLO...

1
¿COMO SE ALIVIA
EL DOLOR DE ESTOMAGO?

Ante todo, es importante enfatizar que si el dolor abdominal es intenso y prolongado, es fundamental ver al médico a la brevedad posible. Las causas de este tipo de dolor agudo y recurrente muchas veces es serio, y la atención médica debe ser inmediata. Vea al médico si:

- Siente un dolor de estómago repentino y severo.
- El dolor persiste por más de cuatro días.
- Se manifiesta sangramiento con las heces fecales y se comienza a perder peso.
- Se presenta un dolor abdominal recurrente, acompañado de diarreas.

No obstante, el dolor de estómago menos intenso puede ser aliviado con:

- Té. El ácido tánico en la taza de té ayuda al organismo a eliminar algunas de las bacterias o elementos químicos que hayan podido causar el dolor de estómago, especialmente si la persona sufre de diarreas. De acuerdo con la observación médica, el alivio debe producirse aproximadamente en una o dos horas.

- Medicamentos antiácidos. Casi todos los antiácidos que se venden libremente en las farmacias incluyen elementos que neutralizan con efectividad el exceso de ácidos en el estómago. Al neutralizarse la acidez estomacal, se alivian las molestias estomacales.

2
LAS CONEXIONES ENTRE
LOS NERVIOS Y EL ESTOMAGO

Nuestra anatomía y fisiología son responsables de que los estados de ansiedad afecten nuestras vías digestivas. Por ejemplo:

- Los nervios vago y gran simpático conectan el abdomen con los centros cerebrales relacionados con las emociones.
- Este vínculo permite que —tan pronto la ansiedad nerviosa o la presión de los problemas que pesan sobre la persona la ataquen— el cerebro envíe inmediatamente una gran descarga de neurotrasmisores y hormonas para que actúen en el tracto gastrointestinal.
- Al recibir estos estímulos, se producen las reacciones correspondientes, las cuales pueden ser de diferente tipos y niveles. Por ejemplo, exceso de acidez en el estómago, espasmos nerviosos de éste (o del intestino), aceleración o lentitud de los procesos digestivos, y otras molestias parecidas.

Lo curioso de todo este proceso es que, a medida que la persona afectada se siente peor, más intensa es la descarga de estímulos químicos que envía el cerebro, con el consiguiente incremento de las reacciones negativas por parte del organismo. Ante este estado de cosas, el individuo afectado por el estrés, y que presenta el desajuste del funcionamiento de su aparato digestivo, sólo tiene dos alternativas:

- Tomar determinados medicamentos para aliviar los síntomas; y
- neutralizar rápidamente la situación que genera el estrés, ya sea adoptando una actitud más objetiva ante los problemas que lo afectan, o mediante técnicas de relajamiento progresivo y de meditación, las cuales pueden ayudar a recuperar el equilibrio perdido.

3
¿QUE SIGNIFICAN LAS NAUSEAS?

Las náuseas constituyen una forma natural del cuerpo para suprimir el apetito:

- Cuando un factor determinado irrita el tracto digestivo (ya sea un alimento o una bacteria), inmediatamente llega una señal al centro de vómitos localizado en el cerebro que activa la secreción de saliva en la boca, la tráquea se estrecha, y el apetito cesa inmediatamente.
- Todas estas manifestaciones el cuerpo las percibe como un sólo síntoma: las náuseas... y esto evita que la persona lleve cualquier alimento al estómago que pueda irritarlo aún más.

No obstante, las náuseas no siempre constituyen un mecanismo de defensa del sistema digestivo. El centro de equilibrio en el oído interno también puede generar náuseas. Si se lee un libro mientras se vuela en un avión, y el movimiento de éste se vuelve intenso en un momento determinado, el cerebro al instante recibe un mensaje mixto: los ojos se hallan fijos en los renglones del libro que se está leyendo, pero los fluidos en el oído interno se mueven de acuerdo con el movimiento del avión. ¿Qué hace el cerebro? Inmediatamente percibe una situación anormal y libera las llamadas hormonas del estrés que ponen en movimiento los músculos del estómago. Este estado anormal —que con frecuencia se manifiesta acompañado de mareos y vómitos— es el síntoma que identificamos como náuseas.

Afortunadamente, las náuseas pueden ser controladas fácilmente con un medicamento llamado dramamina, para el cual no se requiere receta médica

Aunque las náuseas pueden ser frecuentes en algunas personas debido a todos los factores anteriores, es preciso tener en cuenta que igualmente se trata de un síntoma que puede indicar la presencia de un trastorno digestivo serio, como pueden ser las úlceras, la colitis, la gastroenteritis, o los cálculos en la vesícula biliar. No obstante, cuando las náuseas se deben a estas causas, por lo general se manifiestan acompañadas de dolores y de otros síntomas. También es importante considerar que las náuseas constituyen uno de los síntomas de un ataque al corazón, algunos tipos de tumoraciones cancerosas, y de los trastornos en el funcionamiento del hígado o los riñones.

4
ANTE LAS NAUSEAS... ¿QUE HACER?

Cuando las náuseas se presentan de una manera intensa y persistente, es evidente que es preciso ver al médico cuanto antes. No obstante, si se trata de una condición temporal, más o menos ligera, se pueden observar una serie de estrategias para aliviar la situación. Por ejemplo:

- Ingiera algún alimento. Por supuesto, probablemente esto sería lo último que usted quisiera hacer debido a los síntomas que lo embargan, pero está comprobado que se trata de un remedio efectivo para detener las náuseas. Ingiera algún alimento blando (pan o una galleta, por ejemplo) para controlar la irregularidad en el ritmo estomacal.
- ¡Beba líquidos! Preferiblemente, agua o té. También puede tomar algún jugo azucarado o un refresco no-carbonatado, ya que el azúcar contribuye igualmente a

regular el ritmo estomacal. No obstante, beba solamente sorbos pequeños y a la temperatura ambiente. Tenga presente que los líquidos fríos o carbonatados sólo lograrán irritar aún más el estómago. Y, por supuesto, jamás beba leche cuando sienta náuseas, porque con los movimientos que presenta el estómago (debidos a los factores que desencadenaron la condición), se volverá requesón rápidamente.

- Tome una cucharada de sirope. Considere el llamado emetrol, un medicamento contra las náuseas que se vende libremente.
- Respire profundamente. La ansiedad y el miedo pueden activar las hormonas del estrés y provocar las náuseas. Respire lentamente, profundamente. La respiración profunda por lo general alivia la intensidad de las contracciones del estómago.
- Revise cuáles son los medicamentos que está tomando. Hay medicamentos que desencadenan las náuseas, y entre los mismos se encuentrazn los anti-depresivos tricíclicos (especialmente si las dosis son elevadas). Si comprueba que un medicamento determinado le causa náuseas, hable con su médico para que lo sustituya por otro que no provoque en usted este molesto efecto secundario, o para que ajuste la dosis.
- ¡Vomite! Si siente deseos de vomitar, hágalo. No trate de evitar el vómito cuando las náuseas lo estén afectando.

5
¿POR QUE A VECES VOMITAMOS?

Todos vomitamos en algún momento, pero no siempre sabemos qué son los vómitos ni qué significan con respecto a nuestro estado de salud. Una definición fácil del acto de vomitar:

- La expulsión involuntaria, por la fuerza, del contenido del estómago a través de la boca.

Por lo general el vómito va precedido de una sensación de náusea, repugnancia, sudoración o salivación excesiva, así como una disminución del ritmo cardíaco.

6
¿COMO SE PRODUCE
EL MECANISMO DEL VOMITO?

El acto de vomitar se debe a un mecanismo complejo e involuntario:

- Los deseos de vomitar se presentan cuando un área muy definida del cerebro (llamada comúnmente centro del vómito) es activada como consecuencia de la información que le llega —de los lóbulos frontales del cerebro, el tracto digestivo, o el oído interno— de que determinados mecanismos están dañados o no están funcionando debidamente. También el centro del vómito puede ser activado por la presencia de venenos u otras sustancias tóxicas en el torrente sanguíneo.

- Una vez activado, el centro del vómito en el cerebro envía mensajes al diafragma (el conjunto de músculos que separan al tórax del abdomen), el cual se contrae y presiona al estómago.
- Simultáneamente, el píloro (entre la base del estómago y el intestino) se cierra y el área entre la parte superior del estómago y el esófago se relaja.
- Como resultado de todo este proceso, el contenido del estómago asciende nuevamente hacia la boca a través del esófago.
- A medida que se produce todo este proceso, la laringe se cierra (por medio de la epiglotis), para evitar que el vómito penetre la tráquea y pueda provocar la asfixia.

7
¿QUE PROVOCA EL VOMITO?

Son varios los factores que causan el vómito:

- El haber comido o bebido en exceso.
- El empleo de determinados medicamentos.
- Con frecuencia, el vómito se presenta después de haber sido sometida la persona a la anestesia general.
- Los trastornos en el estómago o en los intestinos, que provocan la inflamación, irritación o distensión de cualquiera de estos dos órganos (una úlcera péptica, un ataque agudo de apendicitis, gastroenteritis, envenenamiento por consumo de alimentos contaminados).
- A veces, el vómito es un síntoma de la obstrucción intestinal.
- El vómito también se manifiesta durante los ataques de migrañas.
- Muchas veces el vómito el un síntoma provocado por un trastorno en el metabolismo.
- Y no se deben pasar por alto las situaciones emocionales: el vómito con frecuencia se presenta como consecuencia de una contrariedad.
- El movimiento provoca el deseo de vomitar en algunas personas.
- La presencia de un virus puede activar el centro del vómito en el cerebro; es decir, el cuerpo hace un esfuerzo por eliminar el virus que ha identificado, pero no lo logra.

8
¿QUE HACER ANTE SITUACIONES DE VOMITOS?

- Tome antiácidos. Si el vómito se debe a una úlcera, un medicamento antiácido de venta libre en las farmacias puede contrarrestar las molestias.

- Considere la goma de mascar. La goma de mascar, empleada muchas veces para aliviar la molestia que se presenta en el oído medio durante un vuelo, también puede prevenir el vómito.
- ¡Vea al médico! Si los episodios de vómitos, o si el ataque es persistente, es imprescindible ver al médico. El tratamiento depende del factor que esté provocando la situación, por lo que es recomendable que la persona afectada no tome medicamentos de ningún tipo hasta consultar la situación con el especialista. En determinadas situaciones, éste puede recomendar medicamentos anti-heméticos para controlar el vómito.

9
OTROS PROBLEMAS GASTRICOS
CAUSADOS POR EL ESTRES

- **AEROFAGIA.** Esta se produce porque el paciente, movido por la ansiedad y la tensión, traga por lo menos tres veces por minuto, cuando lo normal es hacerlo una vez cada minuto. Al tragar, es prácticamente inevitable que cierto volumen de aire pase al estómago. Al hacerlo en esa forma descontrolada, prácticamente se triplica el volumen de aire tragado... lo cual se refleja en dolores, sensación de llenura, y otros malestares.
- **REFLUJO GASTROESOFAGICO.** La tensión a veces provoca que una parte de los alimentos que ya se hallaban en el estómago, sometidos al proceso de la digestión, asciendan nuevamente por el esófago hasta la boca. Esto se debe a que el músculo esfínter —que abre y cierra automáticamente el paso del esófago al estómago (o viceversa)— pierde su elasticidad y no ajusta debidamente. Además del tratamiento para el estrés, el paciente podría ayudar a solucionar este trastorno digestivo si se abstiene de fumar, beber alcohol, ingerir alimentos muy condimentados o irritantes, y usar ropas muy ceñidas al cuerpo.

10
EL USO DE LA CONCENTRACION MENTAL
PARA COMBATIR LOS TRASTORNOS DIGESTIVOS

En la actualidad, tanto la Medicina como la Siquiatría promueven el concepto cada vez más aceptado por los científicos de que la mente es capaz de dominar el cuerpo. Como consecuencia de esta tendencia, se están desarrollando diferentes escuelas de relajación y diseñando métodos especiales para fortalecer la concentración mental. Un sistema efectivo para aliviar el estrés que causa trastornos digestivos es el siguiente:

- **Contraiga y relaje todos los músculos de su cuerpo,** para que sea consciente del estado de tensión máxima en que se pone el cuerpo ante una situación que provoque ansiedad o estrés.

- **Relájese completamente...** Acuéstese en un lugar tranquilo y cómodo, con la menor luz posible, y visualice imágenes positivas, que le resulten agradables. Piense, por ejemplo, en algún lugar pintoresco que haya visitado en el pasado... o sueñe con un crucero por el Mediterráneo, haciendo escala en diferentes puertos.

- **Rechace todas las ideas negativas que acudan a su mente.** Si un recuerdo le provoca angustia o ansiedad, ¡reprímalo! ¿Cómo? Sencillamente, pensando en otra situación que le resulte agradable.

- **Distráigase.** Si siente que en algún momento está siendo invadido por una situación de estrés, involúcrese en cualquier tipo de actividad que le produzca satisfacción... ir a un cine, leer un libro, escuchar una música especial, visitar a un amigo afín...

- **Aprenda a adoptar una actitud ecuánime ante cualquier embate que le presente la vida.** No tenemos el control absoluto de nuestro destino, porque muchas situaciones que se nos presentan no dependen de nosotros... una enfermedad, un accidente, por ejemplo. Es decir, muchas veces tenemos que aceptar lo que nos sucede y tomar las situaciones que consideremos negativas de la mejor manera posible (del limón, usted bien puede hacer una limonada... para emplear una expresión popular).

- **¡No se apresure!** Para cada cosa hay un momento... y para resolver cada situación, se requiere un tiempo determinado. ¡Estos procesos no se pueden alterar! ¡Acéptelo!

- **Practique la disciplina.** Con un poco de disciplina, se logra erradicar de la mente muchas de estas situaciones de estrés que provocan ansiedad en el ser humano... y trastornos digestivos. Al hacerlo, desaparecerán muchas de esas afecciones digestivas para las cuales no existe una causa física... sino emocional. Las estadísticas médicas muestran que son curables hasta en un 95% de los casos, pero únicamente si se logra neutralizar debidamente el estrés que las causa.

CAPITULO 4

LAS ULCERACIONES EN
EL SISTEMA DIGESTIVO

Hace varios años se logró comprobar científicamente que en una fase preliminar en el desarrollo de una úlcera del sistema digestivo se presenta una infección bacterial... A partir de ese concepto, el tratamiento de esta condición ha variado radicalmente... y hasta es posible que pronto se desarrolle una vacuna definitiva para evitar esta afección tan peligrosa en el sistema digestivo.

Consideremos dos casos:

- Desde hacía dos meses Carmen M. sentía un malestar frecuente en el estómago, el cual ella describía como "una penita", considerando que se debía al hecho de que estaba haciendo "malas digestiones". Una mañana, sin embargo, mientras atendía a un cliente en la agencia de viajes para la que trabajaba, la penita se convirtió en un dolor intenso que apenas podía soportar. Ese mismo día Carmen visitó a su médico, recibiendo de éste el diagnóstico que menos esperaba: había desarrollado una úlcera. "No lo podía creer", repetía Carmen, quien sólo tenía 25 años en aquel momento. "Yo pensé... no sé por qué motivo... que sólo los hombres desarrollaban úlceras".

Es posible que este concepto de Carmen tuviera cierta validez en el pasado. Hasta hace algunas décadas, la proporción de hombres con úlceras era cuatro veces más alta que la de las mujeres. Pero la situación ha cambiado radicalmente, y en la actualidad las estadísticas de pacientes de úlceras entre ambos sexos son muy similares.

Algunos especialistas atribuyen estos resultados a los cambios dramáticos que han ocurrido en los papeles tradicionales que desempeñaba la mujer hasta hace algunos años, incluyendo la participación actual en trabajos que la exponen a un grado intenso de tensión y de estrés... factores que sin duda incrementan las posibilidades de que se desarrollen las ulceraciones en el aparato digestivo, ya que estimulan una producción excesiva de los ácidos estomacales.

- Hace tres años, Rogelio V. desarrolló una úlcera en el estómago. La realidad es que para Rogelio esto no fue una gran sorpresa ya que durante los últimos diez años el problema se le había presentado con bastante frecuencia. De acuerdo con las recomendaciones de su médico, cada vez que la úlcera reaparecía y comenzaba a hacer sus estragos, Rogelio incrementaba la dosis de su medicamento antiácido, y pronto todo volvía a la normalidad. Pero a finales de 1990, el médico le prescribió un tratamiento diferente: Rogelio debía continuar con su tratamiento habitual (a base de antiácidos, un tratamiento tradicional para las úlceras) pero complementarlo con dos antibióticos, y con medicamentos digestivos a base de bismuto.

Aunque inicialmente Rogelio se opuso al nuevo plan que le recomendaba su médico ("¡porque requería el consumo de hasta once pastillas al día!", aclara), eventualmente accedió ante la insistencia del profesional, quien le aseguraba que este tratamiento seguía nuevas pautas que le permitirían controlar de manera definitiva todos sus trastornos digestivos. Y así fue: la úlcera de Rogelio no solamente quedó completamente curada en sólo unas cuantas semanas, sino que en los últimos tres años no ha vuelto a presentar trastornos estomacales ni molestias en su aparato digestivo.

¿COMO SE FORMAN LAS ULCERAS?

Las úlceras son llagas o heridas pequeñas que generalmente se presentan en el duodeno (el comienzo del intestino delgado), aunque también pueden desarrollarse en el tejido que reviste el interior del estómago. Están asociadas, desde luego, al proceso digestivo:

- Los ácidos estomacales y una enzima llamada pepsina disuelven los alimentos ingeridos para que los mismos sean procesados por el sistema digestivo y finalmente asimilados en la sangre. Estos ácidos son sumamente concentrados y potentes, pero normalmente permanecen limitados al estómago y al duodeno gracias a una barrera protectora natural. Ahora bien, cuando el balance fisiológico es perturbado (por cualquier motivo), el cuerpo produce entonces un exceso de ácidos, y los tejidos internos no logran neutralizar totalmente esas concentraciones ácidas, llegando a provocar llagas en estos órganos.

Por muchas décadas, la Medicina afirmó que las úlceras eran causadas únicamente por ese nivel elevado de los ácidos estomacales, y que esto era provocado, a su vez, por el estrés emocional, el fumar en exceso, y otros factores relacionados directamente con el estilo de vida del individuo. Por ese motivo, los científicos se concentraron en el desarrollo de poderosos medicamentos antiácidos para controlar las úlceras del duodeno y del estómago... y así surgieron medicamentos efectivos que —desde que fueron lanzados al mercado— han permitido controlar los síntomas de esta condición.

Sin embargo, hasta ahora ningún medicamento había logrado controlar completamente la recurrencia de las úlceras en el plazo de varios meses (el caso de Rogelio V.); es decir, se aliviaban temporalmente los síntomas pero no se resolvían las causas que los provocaban, y por ello los estudios en este campo continuaban. Hoy en día, numerosos investivadores médicos opinan que la causa de la recurrencia de las úlceras no tiene que ver completamente con el nivel de los ácidos estomacales ni con el grado de estrés al que esté sometido el individuo, sino con una infección bacterial crónica de los tejidos que cubren el interior del estómago. Son conceptos revolucionarios que finalmente han sido aceptados por la comunidad científica internacional, y que han modificado los tratamientos tradicionales en las ulceraciones que se presentan en el sistema digestivo.

A
ULCERA ESTOMACAL
(O ULCERA GASTRICA)

La úlcera estomacal (también llamada úlcera gástrica) es una lesión abierta que se desarrolla en las membranas del estómago como resultado de la destrucción de las capas superficiales del tejido. Cuando esta lesión se presenta en el estómago, o en los tejidos que lo envuelven, la ulceración es estomacal. Afecta a ambos sexos, por lo general a adultos jóvenes que se hallan entre los 20 y los 45 años (raras veces se presenta en los niños).

¿CUALES SON LOS SINTOMAS DE
LA ULCERA ESTOMACAL?

- Un dolor quemante que se presenta en la región superior del abdomen (o inferior del tórax, debajo del esternón). En ocasiones, la persona afectada interpreta este malestar como una indigestión, acidez, o inclusive hambre. Esta sensación puede ser aliviada temporalmente cuando se bebe leche, se toman medicamentos antiácidos, o se ingieren alimentos blandos.
- El dolor se prolonga por un período entre 30 minutos y 3 horas. A veces se presenta después de haber ingerido alimentos; en ocasiones hasta horas más tarde. Este dolor a veces desaparece, o puede ser intermitente. Inclusive se presentan períodos de alivio total, pero el dolor es recurrente.
- Pérdida del apetito.
- Pérdida de peso.
- Anemia.
- Vómitos (ocasionalmente).

En el caso de las úlceras gástricas —que por lo general provocan la pérdida de peso, y requieren un proceso de curación prolongado— la ingestión de alimentos puede acentuar la intensidad del dolor.

FACTORES QUE AGRAVAN
LOS SINTOMAS DE LAS ULCERAS

- El ingerir alimentos impropios; asimismo, observar hábitos alimenticios irregulares.
- Fumar (la nicotina).
- El estrés.
- El consumo excesivo de alcohol o bebidas que contengan cafeína (como el café, el té, y los refrescos carbonatados).
- La historia clínica de la familia; se ha comprobado que existe una determinada propensión a que las ulceraciones se presenten en miembros de una misma familia.
- El uso de determinados medicamentos (como pueden ser la aspirina, la cortisona, los anti-inflamatorios, etc.).

Por lo general, la úlcera estomacal puede ser curada en un período entre 6 y 8 semanas. Si los tratamientos no surten efecto, entonces la cirugía debe ser considerada.

B
ULCERA DUODENAL

Las personas que sufren ulceraciones en el duodeno (la primera sección del intestino delgado) presentan síntomas muy similares a los que se manifiestan en quienes padecen de úlceras estomacales. Se trata de una condición que afecta a ambos sexos, pero las estadísticas muestran que es más frecuente en los adultos.

¿CUALES SON LOS SINTOMAS?

Los mismos que presenta la úlcera estomacal, los cuales con frecuencia son interpretados por el paciente como debidos a una indigestión, acidez, o inclusive hambre.

- Pérdida del apetito.
- Pérdida de peso.
- Anemia.
- Sangre en las heces fecales (cuando los demás síntomas se presentan, la persona afectada debe examinar diariamente las heces fecales para detectar trazas de sangre en las mismas; de hallarlas, es fundamental que vea al médico inmediatamente).

Las úlceras duodenales pueden ser diagnosticadas con relativa facilidad por el especialista, ya que casi siempre se manifiestan acompañadas de un dolor (a veces muy intenso), especialmente en los momentos en que el estómago está vacío. Esta condición puede aliviarse con la ingestión de alimentos o la administración de un medicamento antiácido que resulte efectivo. Por lo general, como el paciente ingiere un volumen mayor de alimentos para aliviar el dolor, aumenta de peso.

RECOMENDACIONES QUE AYUDAN EN EL TRATAMIENTO

- Eliminar los factores que provocan situaciones de ansiedad y estrés. Hay diferentes técnicas para alcanzar este propósito.
- Descanso, hasta que los síntomas lleguen a desaparecer completamente.
- Eliminar el consumo de sustancias irritantes, incluyendo el alcohol y la cafeína; también, los alimentos condimentados.
- Dejar de fumar.
- Observar disciplina con respecto a los horarios de comida.
- Ingerir pequeñas porciones de alimentos cada dos o tres horas, mientras el tratamiento surte efecto. De esta manera se alivian los síntomas, porque se logra neutralizar los ácidos gástricos.

¡UN CONCEPTO REVOLUCIONARIO CON RESPECTO AL FACTOR CAUSANTE DE LAS ULCERAS!

Hace varios años, el **Doctor Barry J. Marshall** (Profesor de Medicina en la **Universidad de Virginia**; Estados Unidos) y el **Doctor J. Robin Wagner** identificaron una bacteria en forma de espiral (llamada **Helicobacter pylori**) en el sistema digestivo de unos pacientes afectados por úlceras, los cuales estaban siendo tratados en un importante hospital de Australia. Al recetarles antibióticos (el medicamento apropiado para neutralizar una infección bacteriana) y bismuto (el ingrediente activo en algunos medicamentos digestivos) no sólo la infección desapareció en corto tiempo, sino que las ulceraciones llegaron a sanar completamente.

El Doctor Marshall publicó los resultados de sus observaciones trascendentales (la infección por bacterias representa el primer paso en el desarrollo de esta enfermedad) en Lancet, una prestigiosa publicación médica en Inglaterra, pero —lamentablemente— las conclusiones a las que llegaba fueron ignoradas por una gran parte de la comunidad médica internacional, la cual se resistía a contradecir la hipótesis convencional de que "las úlceras son causadas exclusivamente por un exceso de ácidos estomacales".

No obstante, el Dr. Marshall persistió en sus estudios, y llegó al extremo de ingerir una muestra de la bacteria Helicobacter pylori para demostrar a sus colegas su punto de vista y confirmar la validez de sus nuevas hipótesis. Poco después desarrolló una gastritis severa (la condición que precede al desarrollo de las ulceraciones en el sistema digestivo), y con un tratamiento a base de un derivado de bismuto y dos antibióticos (amoxilina y metronidazole, en este caso) los síntomas desaparecieron rápidamente, al punto de que nunca llegó a desarrollar las úlceras, como se suponía que sucediera, de acuerdo a la condición en que se hallaba.

Gracias al impacto internacional de esta comprobación científica, otros especialistas comenzaron a tomar en cuenta con mayor detenimiento sus postulados y a investigar el vínculo que en efecto pudiera existir entre la bacteria identificada y esta condición del sistema digestivo. Y, en efecto, en poco tiempo, diferentes grupos de científicos alrededor del mundo empezaron a lanzar sus propios estudios médicos, corroborando que la infección bacterial constituía un factor determinante en el desarrollo de las úlceras del sistema digestivo. Aun así, muchos médicos se mantenían escépticos ante este concepto nuevo y revolucionario, y continuaban recomendando los tratamientos tradicionales a sus pacientes.

Finalmente, en mayo de 1992 (y más tarde, en febrero de 1993) el Dr. Marshall fue vindicado. Una serie de investigaciones para confirmar sus postulados —llevadas a cabo en Houson (Texas, Estados Unidos) y en Austria— demostraron que:

- Sólo un 13% de los pacientes de úlceras que recibieron un tratamiento a base de medicamentos antiácidos y los antibióticos desarrollaron una segunda úlcera, a pesar de que los pacientes afectados mostraban evidencias de que las bacterias no habían sido completamente eliminadas.
- En contraste, un 85% de los pacientes de úlceras que recibieron un tratamiento a base de medicamentos antiácidos solamente, desarrollaron una segunda úlcera en menos de dos años, y un 50% de ellos en menos de tres meses.

Aquéllos que padecen de úlceras ocasionadas por la bacteria Helicobacter pylori sufren de gastritis, una inflamación de la membrana que cubre las paredes interiores del estómago. Sin embargo —por razones aún desconocidas, a pesar de las muchas investigaciones que se continúan realizando al respecto— la mayoría de quienes presentan la infección bacterial (hasta el 60% de las personas que tienen más de 60 años de edad, por ejemplo) nunca llegan a desarrollar los síntomas de la condición, y pocas terminan por padecer de úlceras.

Es por este factor que algunos investigadores no están de acuerdo en confirmar, en forma concluyente si las úlceras son causadas directamente por la bacteria Helicobacter pylori, o si se trata de una infección oportunista que sencillamente se aprovecha de las condiciones creadas por algún otro mecanismo que no ha sido identificado hasta el presente.

"Si bien la Helicobacter pylori es una infección relativamente común y de fácil trasmisión (las estadísticas revelan que son más frecuente durante la niñez y en los primeros años después de la adolescencia), las úlceras en sí no son contagiosas", afirma el **Doctor Philip Katz**, un prestigioso gastroenterólogo del **Hospital Johns Hopkins** (en la ciudad de Baltimore, Estados Unidos), quien disiente del concepto de que las úlceras son contagiosas. "Nuestros estudios muestran que algunas personas infectadas son más susceptibles que otras a desarrollar estas infecciones, pero las razones de esta situación todavía se desconocen. Se sabe, sin embargo, que la infección por bacterias afecta con más frecuencia a los miembros de una misma familia y a personas que viven sometidas a niveles mayores de estrés. Es decir, hay diferentes factores que deben ser también tomados en consideración en los nuevos conceptos sobre las bacterias y las úlceras, y en esa dirección avanzan los estudios en la actualidad".

LAS ULCERAS...
¿SE CONTRAEN, O SE DESARROLLAN?

A pesar de las dudas que aún puedan existir entre algunos grupos de científicos, de acuerdo con las investigaciones científicas más recientes, las úlceras se contraen (por infección bacterial) y luego se desarrollan. No obstante, uno de los misterios que todavía quedan por resolver es cómo se trasmite esta enfermedad.

El **Doctor Martin Blaser**, Profesor de Microbiología de la **Universidad de Vanderbilt** (Estados Unidos) opina que "la infección bacteriana, que constituye la fase inicial para el desarrollo de las ulceraciones en el sistema digestivo, es común en áreas donde las condiciones de sanidad son pobres", sugiriendo que es posible que la bacteria Helicobacter pylori se trasmita mediante el contacto con los desechos del cuerpo humano. "Quizás esto aclare por qué la bacteria es más frecuente en los países subdesarrollados, pero aún es preciso aclarar cómo es que se propaga en los países más avanzados, como en los Estados Unidos y en otras naciones de Europa... y una posibilidad que estamos considerando es que la Helicobacter pylori se trasmita a través del contacto íntimo... sexual... ya que se han detectado concentraciones de la bacteria, aunque bajas, en la saliva de los pacientes con úlceras".

En la actualidad, se estima que hasta un 80% de los casos de úlceras se deben a la presencia de la bacteria Helicobacter pylori en el cuerpo, uno de los pocos organismos que logran sobrevivir las condiciones de acidez extrema que existen en el estómago humano:

- Esta bacteria puede atravesar la capa mucosa que protege a la cavidad estomacal y adherirse a las células de las paredes del estómago.
- Entonces se encarga de debilitar las defensas del estómago, produciendo una enzima que genera amoníaco, una sustancia que neutraliza la acción de los potentes ácidos estomacales (ácido clorhídrico).
- El amoníaco también erosiona la membrana mucosa y daña las células próximas.
- Si se daña la membrana mucosa del estómago o del duodeno, los jugos gástricos pueden descomponer el ya debilitado tejido gastrointestinal. Esto puede resultar en una lesión en la membrana del estómago (úlcera gástrica) o del duodeno (úlcera duodenal, en la porción superior del intestino delgado); estas últimas mucho más frecuentes que las gástricas.
- Según los análisis estadísticos más recientes, de los casos de úlceras asociados con la presencia en el sistema digestivo de la bacteria Helicobacter pylori,

aproximadamente el 90% pueden ser tratados por medio de antibióticos, además del empleo de otros medicamentos (antiácidos y digestivos a base de bismuto) que contrarresten la producción de los potentes ácidos presentes en el estómago.

¿CUALES SON LOS SINTOMAS GENERALES DE LAS ULCERAS PEPTICAS?

Es posible que algunas úlceras no presenten síntomas. A veces una úlcera pequeña sana por sí misma, sin que el paciente llegue a comprobar que ha padecido de esa condición. Este tipo de úlceras pueden presentarse recurrentemente en el transcurso de la vida del paciente. Sin embargo, por regla general, todas las úlceras pépticas van acompañadas de síntomas que son muy específicos:

- El dolor en el abdomen es el síntoma más común, y éste puede variar desde un dolor muy ligero hasta uno muy agudo. El dolor casi siempre se manifiesta dos horas después de haber ingerido alimentos, puede prolongarse hasta por un período de tres horas, y el paciente encuentra alivio si ingiere algún alimento, o con la ayuda de un medicamento antiácido.
- Cuando la úlcera es más severa, el paciente puede sufrir de sangramiento interno, de una obstrucción de los pasajes del sistema digestivo, y de la perforación de los tejidos.
- Si los síntomas incluyen dolor intenso, vómitos con sangre, o heces fecales oscurecidas (por la sangre digerida), es necesario que el paciente vea a su médico inmediatamente.
- Apetito... y pérdida de peso.
- Falta de apetito.
- Anemia.
- Vómitos.

Cualquier dolor o molestia en el sistema digestivo que se prolongue por más de una semana o dos, es una señal de que la condición desarrollada debe ser investigada cuanto antes.

¿CUALES SON LOS METODOS DE DIAGNOSTICO?

Aun cuando se presenten síntomas que normalmente son asociados con las úlceras, es posible que éstos sean provocados por otras causas, como por una condición llamada dispepsia (un trastorno digestivo que usualmente es acompañado por náuseas, vómitos y que en algunos casos puede producir una úlcera). Por ello, para determinar con exactitud si el paciente padece de úlceras:

- Generalmente, el diagnóstico de la úlcera se realiza mediante una endoscopía. Este procedimiento consiste en introducir un instrumento tubular (el endoscopio) en una cavidad del cuerpo para examinar las estructuras internas (en este caso el estómago y el intestino delgado). De esta forma, el especialista puede visualizar las posibles lesiones que se hayan podido producir en el estómago y el duodeno, y obtener muestras de tejido para el cultivo o el análisis microscópico. La endoscopía debe realizarse en los casos de pacientes que sufren de sangramiento, pérdida de peso, o dolores agudos, ya que estos síntomas pueden ser una señal de la presencia de una tumoración cancerosa en el estómago.

- Existe otro procedimiento menos invasivo: rayos X con el empleo de bario (un elemento visible a los rayos X). Si éstas dan un resultado positivo, no es necesario recurrir a otros procedimientos. No obstante, la presencia de una infección causada por la Helicobacter pylori sí debe ser confirmada mediante una prueba de laboratorio que permita detectar la presencia de la bacteria en la sangre. Si el resultado es negativo, entonces se recurre a la endoscopía en la mayoría de los casos.

- La prueba del aliento, que ha sido desarrollada en los últimos años, permite determinar el nivel de ureasa en el organismo y la presencia de la bacteria Helicobacter pylori. Se estima que esta prueba puede ser tan precisa como el análisis de sangre, con la ventaja de que el aliento muestra inmediatamente si la infección bacterial ha sido eliminada (el análisis de sangre no revela este resultado negativo hasta un año después de que la bacteria ha sido destruida en el cuerpo; es decir, el tiempo que le toma al organismo dejar de producir los anticuerpos correspondientes).

LA NUEVA PRUEBA DEL ALIENTO PARA DETECTAR LA BACTERIA HELICOBACTER PYLORI

A pesar de la comprobación de que la mayoría de las úlcera pépticas (estomacales y duodenales) son causadas por infección del estómago provocada por la Helicobacter pylori, detectar esa infección ha resultado hasta el presente verdaderamente difícil. El único método de diagnóstico seguro ha sido la endoscopía, mediante la cual un tubo es pasado a través de la garganta del paciente (hasta el estómago) para obtener una muestra de tejido que después es analizada en el laboratorio. Ahora, sin embargo, una nueva prueba —aprobada por diferentes agencias internacionales de la salud— hará el diagnóstico mucho más fácil, reduciendo este procedimiento a una simple muestra del aliento del paciente.

Llamada prueba del aliento UBT Meterek, el examen puede practicarse en el mismo consultorio del médico; asimismo, el paciente recibe los resultados en sólo uno o dos días. Si la bacteria Helicobacter pylori está presente, tomar una combinación de antibióticos durante dos semanas será suficiente para controlar la infección y permitir que la úlcera sane poco tiempo después. Más tarde, la prueba del aliento será repetida para comprobar que la bacteria ha sido completamente eliminada del organismo.

Se trata de un método de diagnóstico que ha sido ansiosamente aguardado por la comunidad médica internacional. En el pasado, los médicos con frecuencia trataban de evitar la endoscopía indicándole a los pacientes afectados por úlceras tomar determinadas dosis de antibióticos, sin saber a ciencia cierta si en realidad la bacteria estaba o no presente en ellos. Ahora, en cambio, se podrá precisar si el paciente presenta o no la infección bacterial; con ello se evitarán terapias a base de antibióticos que pudieran ser innecesarias si la bacteria no es la causante de la condición.

Por otra parte, como la prueba del aliento costará sólo el 20% de los 800 a 1,500 dólares que cuesta la endoscopía (en los Estados Unidos), al ser empleada también se logrará una reducción significativa en los gastos médicos de los pacientes que sufren de úlceras pépticas.

Aunque un análisis de sangre puede evidenciar la infección con la bacteria Helicobacter pylori, en realidad este tipo de examen no permite distinguir entre una infección pasada y una infección activa, lo que significa que una persona que estuvo infectada pero que ya no lo está, puede arrojar resultados positivos falsos y, por tanto, recibir antibióticos que en realidad son innecesarios.

El análisis del aliento —manufacturado por **Meretek, Inc.**, una empresa con sede en Nashville, Tennessee; Estados Unidos— se basa en la capacidad de la bacteria Helicobacter pylori de descomponer rápidamente la urea, una sustancia natural del cuerpo humano:

- Antes de someterse a la prueba, el paciente debe tomar una solución de urea que ha sido especialmente preparada para que contenga átomos de carbono que son más pesados que los normales.
- Si la bacteria está presente en el sistema digestivo, el organismo descompondrá rápidamente la urea, y los átomos de carbono pesados podrán ser detectados en el dióxido de carbono que los pacientes exhalan.

LA PRUEBA DEL ALIENTO TAMBIEN PUEDE EMPLEARSE EN LOS CASOS DE GASTRITIS...

Además de ofrecérsele a los pacientes con úlceras, la prueba del aliento también puede ser empleada en aquellos pacientes que sufren de gastritis crónica, la cual puede causar dolores abdominales, gases, náuseas, y otros trastornos digestivos. Entre estos pacientes, aquéllos que obtengan resultados positivos en la prueba también podrán recibir tratamiento a base de antibióticos.

No obstante las posibilidades, aún existe desacuerdo entre algunos de los especialistas que tratan esta condición con respecto a si en realidad los pacientes afectados por la gastritis crónica necesitan los antibióticos o no. Los médicos que favorecen el uso de antibióticos entre estos pacientes explican que las complicaciones de la gastritis pueden llegar a provocar ulceraciones en el tracto digestivo, además de que la bacteria Helicobacter pylori y las úlceras pueden llegar a causar el cáncer del estómago.

¿Cómo se produce el contagio de la Helicobacter pylori? Por la vía fecal, lo que significa que se trasmite a través de las manos contaminadas (después de una deposición) que no son debidamente lavadas. Se estima que más del 35% de todas las personas tienen la bacteria en su cuerpo; la propensión a desarrollar la infección incrementa con la edad. Sin embargo, sólo el 10% de las personas contaminadas con la Helicobacter pylori desarrollan las úlceras pépticas, lo cual constituye una incógnita a resolver por los científicos involucrados en la investigación de las ulceraciones en el sistema digestivo, ya que no pueden explicar por qué estos organismos aparentemente sólo causan la enfermedad en algunas personas (aparentemente, las que desarrollan vulnerabilidad a ellas).

EL TRATAMIENTO

Los tratamientos más frecuentes en la actualidad en los casos de úlceras pépticas se basan en la prescripción de medicamentos antiácidos, antibióticos, y distintos medicamentos digestivos que incluyan bismuto:

- Los medicamentos antiácidos previenen la acumulación excesiva del ácido estomacal; los antibióticos controlan la infección causada por las bacterias. Estos tratamientos, con los digestivos, alivian el dolor y facilitan la sanación de los tejidos afectados.
- Algunas personas prefieren tratar sus úlceras con antiácidos solamente y sin la observación médica; sin duda, estos individuos corren el riesgo de agravar la situación.
- Las mujeres embarazadas (o que están dando el pecho) deben evitar los medicamentos para neutralizar los ácidos estomacales, ya que éstos son traspasados al feto o al bebé.
- Hoy en día la hospitalización y los casos de cirugía para el control de las úlceras pépticas son raros, y ello se debe a que los tratamientos mencionados anteriormente son muy efectivos. No obstante, en determinadas situaciones (si la úlcera ha perforado los tejidos del sistema digestivo) es necesario practicar una operación quirúrgica que recibe el nombre de **vagotomía**, la cual consiste en cortar las fibras del nervio vago, que controla la producción de los ácidos digestivos. Ocasionalmente se practica, igualmente, la gastroctomía, mediante la cual se corta una porción determinada del estómago, para eliminar la úlcera y reducir la producción de los ácidos estomacales.
- Asimismo, los médicos por lo general recomiendan transfusiones de sangre (si las úlceras sangran profusamente).
- Algunas veces —aunque no muy frecuentemente— la úlcera puede ser cancerosa, y como los síntomas del cáncer y la úlcera común son muy similares, es necesario determinar con exactitud la condición que está afectando realmente al paciente para poder aplicar entonces el tratamiento más efectivo.

Por lo general las úlceras del duodeno toman unas ocho semanas en sanar, pero las del estómago toman más tiempo. Es importante notar que la condición puede reaparecer meses después; es decir, las personas que han padecido de una úlcera tienen un 50% de probabilidades de desarrollar otras en el futuro... aunque con los nuevos tratamientos a base de antibióticos, la incidencia ha sido disminuida considerablemente.

RECOMENDACIONES FINALES

Hasta hace algunos años, los médicos recomendaban que el paciente de úlcera tomara leche en abundancia (para neutralizar el efecto de los ácidos estomacales) y que mantuviera una dieta baja en condimentos (para evitar la secreción de estos ácidos gástricos). Hoy todos esos conceptos han variado drásticamente, y es preciso tomar en cuenta las nuevas recomendaciones. Por ejemplo:

- Se ha comprobado que la leche estimula la producción de los ácidos estomacales y que, por ello, resulta contraproducente recomendarla en el tratamiento de las úlceras.
- La dieta —como se ha insistido anteriormente— tampoco es un factor causante de las ulceraciones en el sistema digestivo, aunque nunca está de más observar ciertas precauciones lógicas que en general contribuyan a restablecer el equilibrio perdido en el funcionamiento del sistema digestivo.

Por ello, es importante:

- Evitar ingerir alimentos abundantes en grasas y aquéllos que son muy ricos en calorías.
- Restringir al máximo el consumo de líquidos con un alto nivel de acidez (como el jugo de naranja y toronja), el café, el té, y el alcohol.
- También se debe evitar el consumo excesivo de aspirinas; tal vez deben ser suprimidas completamente.
- Dejar de fumar mientras los síntomas relacionados con la úlcera estén presentes; la nicotina afecta el sistema digestivo.
- Finalmente —-aun considerando que las opiniones están divididas sobre el efecto del estrés como factor en el desarrollo de ulceraciones en el sistema digestivo— nunca está de más el adoptar un programa que ayude a relajar las tensiones que vamos acumulando en la vida cotidiana, y a neutralizar el estrés que pueda estar afectándonos.

CONVIENE SABERLO...

1
¿COMO NOS AFECTAN LOS NUEVOS
TRATAMIENTOS PARA LAS ULCERAS?

Los nuevos conceptos sobre las causas bacteriales de las úlceras han tenido un impacto general que debe ser tomado en consideración:

- Primeramente, es preciso considerar el impacto económico. Se estima que los pacientes que padecen hoy día de úlceras consumen una pastilla de los medicamentos tradicionales todos los días, lo que representa un gasto de aproximadamente U.S.$900 anuales por paciente. La nueva terapia a base de antibióticos —que consiste en seis semanas bajo tratamiento con los medicamentos tradicionales, y dos semanas bajo tratamiento a base de digestivos y los antibióticos— cuesta sólo unos U.S.$150 anuales por paciente. Igualmente, las operaciones quirúrgicas para aliviar las úlceras han quedado prácticamente eliminadas; otras economías se logran al eliminar la necesidad de exámenes por medio del endoscopio, los cuales son muy costosos.

- Al mismo tiempo, al comprobarse que las úlceras son causadas por bacterias, es muy posible que se pueda desarrollar en el futuro inmediato una vacuna para prevenir la infección. En esta dirección, la empresa farmacéutica **Merck** ya está estudiando esta posibilidad en estos momentos, y los avances logrados hacia el desarrollo de esta nueva vacuna son esperanzadores. Si la vacuna contra las úlceras se pudiera desarrollar, esto también significaría un paso de avance gigantesco en la lucha contra el cáncer del estómago y del duodeno (dos de los tipos de tumoraciones cancerosas que son más comunes en el mundo actual).

- Si bien las empresas farmacéuticas internacionales verían con preocupación cómo disminuyen sus ingresos por la venta menor de los medicamentos tradicionales que se han empleado en el tratamiento de las úlceras del sistema digestivo, muchas de ellas han adoptado una actitud objetiva al respecto y están asignando importantes presupuestos para la investigación científica y el desarrollo de nuevos medicamentos para el tratamiento de las úlceras que incluyan antibióticos para combatir las infecciones bacterianas.

2
¿QUIENES ESTAN EXPUESTOS A RIESGOS MAYORES
PARA DESARROLLAR UNA ULCERA?

Aunque la comprobación de que una infección bacteriana es casi siempre la fase inicial en el desarrollo de una úlcera del sistema digestivo, la ciencia todavía estudia el complejo mecanismo que altera el balance fisiológico que culmina en el desarrollo de las ulceraciones en el tracto digestivo. Además de la infección por bacterias, los factores siguientes también deben ser tomados en consideración:

- **La herencia.** No hay duda de que este factor influye decisivamente en la propensión del individuo a desarrollar una úlcera. Las estadísticas indican que las personas cuyos familiares padecen de úlceras corren un riesgo tres veces mayor de desarrollarlas en algún momento de sus vidas que aquéllas que no presentan casos de úlceras en sus familias. Mediante estudios genéticos se ha comprobado que algunas personas están predispuestas genéticamente a tener una secreción de niveles más elevados de ácidos estomacales y de pepsina que otras. Y, curiosamente, igualmente se ha podido constatar que los individuos que presentan un tipo de sangre O son más vulnerables a desarrollar las úlceras.

- **La dieta.** En oposición a la opinión popular, la dieta no constituye un factor fundamental en el desarrollo de las úlceras. De acuerdo con las investigaciones médicas más recientes, los tipos de alimentos no influyen decisivamente en la incidencia de las úlceras.

- **El estrés.** Los especialistas tampoco están hoy de acuerdo en considerar que las úlceras se deben a los efectos nocivos del estrés en el organismo humano. Es más, el **Colegio de Gastroenterología de los Estados Unidos** (con sede en Massachusetts), basándose en estudios exaustivos, mantiene que "no hay evidencia alguna de que exista un vínculo entre el estrés emocional y el desarrollo de las úlceras". Según estas investigaciones, "hay que considerar que lo que para algunos individuos constituye una situación de estrés debilitante, para otros es un estímulo positivo". No obstante, aunque es difícil definirlo en términos científicos, tampoco es apropiado ignorar sus efectos. Definitivamente, la evidencia que se ha logrado acumular durante las últimas décadas sobre la trayectoria de los pacientes de úlceras permite afirmar que si bien es posible que el estrés no sea un factor determinante en el desarrollo de una úlcera péptica, puede existir un vínculo entre la tensión emocional y la manifestación de la enfermedad. De hecho, sí se sabe que las situaciones externas influyen en la intensidad de los síntomas que son provocados por una úlcera digestiva.

- **Las hormonas.** Uno de los factores que en el futuro pudiera esclarecer la relación entre el estrés y las úlceras es el balance hormonal. El nivel de ciertas hormonas que se encuentran en el cerebro y en el sistema digestivo varía de acuerdo con las presiones emocionales y los cambios externos que afectan las emociones del individuo. Quizás estos cambios estimulan del desarrollo de las úlceras en determinadas personas (no necesariamente en la población general, pero sí en aquellos individuos que ya están predispuestos a desarrollar esta enfermedad por otros factores anteriores).

- **Otros factores.** Fumar excesivamente puede estimular el desarrollo de las úlceras, al igual que el consumo excesivo de alcohol, e inclusive de aspirinas. La **Doctora Barbara Kapelman** (del **Centro Médico Monte Sinaí**; en Nueva York, Estados Unidos) indica que "las mujeres que emplean medicamentos que incluyen aspirina para aliviar los dolores de cabeza y las molestias menstruales, frecuentemente ignoran las consecuencias de su consumo excesivo, y terminan desarrollando úlceras del sistema digestivo".

3
TRATAMIENTO CONTRA
LA BACTERIA HELICOBACTER PYLORI

Desde luego, el desarrollo de un tratamiento definitivo para curar las úlceras es todo un acontecimiento médico; no obstante, la cura no es tan simple como pudiera parecer inicialmente. En ella:

- Se emplea por lo general una combinación de dos antibióticos distintos: el metronidazole y tetraciclina (o amoxilina).
- El efecto de estos medicamentos es apoyado con un tratamiento a base de digestivos con bismuto, un elemento que también destruye las bacterias que han provocado la infección.
- En algunos casos se añade un bloqueador H-2 para aliviar los síntomas y acelerar el proceso de cicatrización de las ulceraciones.
- El tratamiento suele durar dos semanas; el costo promedio oscila entre 40 y 80 dólares.
- Se pueden presentar efectos secundarios; entre ellos, náuseas, vómitos y diarreas.
- En el caso de que el tratamiento no resulte efectivo, todos estos medicamentos contribuyen a que la bacteria Helicobacter pylori se haga resistente a los antibióticos, lo cual constituye un serio problema para la salud pública.

4
¿QUE MEDICAMENTOS CONTROLAN LOS
SINTOMAS DE LAS ULCERAS?

El efecto principal que se intenta con todos los medicamentos que los médicos prescriben hasta el presente para aliviar los síntomas de las úlceras es suprimir la secreción de los ácidos gástricos, lo cual se consigue en gran medida aunque nunca en una forma total. Estos medicamentos pertenecen a una categoría llamada bloqueadores H-2 y son:

- Cimetina (Tagamet)
- Famotidina (Pepcid)
- Nizatidna (Zantac)

Estos productos son efectivos entre el 85% y el 90% de los casos tratados, aunque solamente en un 33% se considera que el tratamiento ha sido efectivo en su totalidad. En las otras dos terceras partes, las recaídas son constantes.

Es importante tomar en consideración, también, otro producto que últimamente ha sido lanzado al mercado de los medicamentos contra las úlceras: el omeprazole (Prilosec) que —según las estadísticas— está resultando efectivo en 1 de cada 3 pacientes que lo emplean.

No obstante, aun así, es evidente que hay una proporción de un 66% de los casos tratados con omeprazole en los que este tratamiento no resulta efectivo, ya que la úlcera se manifiesta nuevamente después de determinado período de tiempo. Los médicos atribuyen esta situación al hecho de que los bloqueadores H-2 no neutralizan los potentes ácidos estomacales completamente. Pero, además, esos medicamentos no tienen efecto alguno sobre la bacteria Helicobacter pylori, la cual se considera que infecta al 95% de las personas que padecen de úlceras duodenales, así como al 80% de las que desarrollan úlceras gástricas (o estomacales).

5
¿COMO SE COMPRUEBA LA PRESENCIA EN EL TRACTO DIGESTIVO DE LA HELICOBACTER PYLORI?

Hasta el presente, la prueba más efectiva para comprobar la presencia de la bacteria Helicobacter pylori en el tracto digestivo del paciente es la endoscopía, un proceso mediante el cual se introduce (desde la garganta hasta el estómago y el dudodeno) un tubo flexible (en forma de serpiente) que actúa como iluminador y lente de cámara de televisión (las imágenes se reciben en un monitor de televisión). Además, con este procedimiento se pueden obtener muestras de tejido de las áreas exploradas, las cuales son analizadas posteriormente en el laboratorio para comprobar si la bacteria Helicobacter pylori está presente.

A pesar de que el procedimiento de la endoscopía no es muy molesto (toma aproximadamente unos 10 minutos, y con frecuencia el paciente debe ser sedado para pasar el tubo por el tracto digestivo) ni muy caro, si la persona tiene un historial de úlceras previas puede obviarlo y someterse a un análisis de sangre que demostrará si hay anticuerpos de la bacteria Helicobacter pylori.

Finalmente, muchos gastroenterólogos prefieren agotar todos los esfuerzos que puedan hacerse con los medicamentos bloqueadores H-2 antes de proceder a las pruebas de comprobación y tratamientos para neutralizar la bacteria.

6
FACTORES QUE PUEDEN CONTRIBUIR A LA FORMACION DE ULCERAS... ¡MUCHO CUIDADO!

- **ESTRES:** Las personas que regularmente padecen de estados de ansiedad o estrés muestran una propensión mayor a desarrollar ulceraciones en el estómago y el duodeno que aquéllas que por lo general son más apacibles y no permiten que la tensión las afecte mayormente. La incidencia de úlceras en quienes sufren los efectos del estrés es de dos o tres veces mayor.
- **FUMAR:** Los fumadores tienen el doble de probabilidades de sufrir de úlceras que lo no fumadores. Sin embargo, fumar no interviene directamente en la for-

mación de úlceras de origen bacterial. Sí puede agravar el estado de una úlcera existente, y retardar el proceso de cicatrización de la misma.

- **ALCOHOL:** Las personas que consumen un exceso de bebidas alcohólicas (en un volumen que sea capaz de dañar los tejidos del hígado, por ejemplo), muestran una propensión mayor a desarrollar úlceras estomacales y duodenales. Aun el consumo moderado de alcohol demora la cicatrización de las ulceraciones que se desarrollan en el sistema digestivo. Asimismo, inclusive pequeñas cantidades de alcohol pueden irritar una úlcera ya existente.
- **OTROS LIQUIDOS:** La cafeína irrita las paredes del estómago porque estimula la secreción de los jugos gástricos. También los refrescos carbonatados producen mayor secreción de ácidos estomacales, aunque no contengan cafeína.
- **ALIMENTOS:** En contra de lo que muchas personas opinan (inclusive algunos especialistas), ningún alimento en sí provoca la ulceración de las paredes del estómago. Cualquier alimento que la persona pueda ingerir reduce el nivel de ácidos estomacales. Sin embargo, el nivel (y la acción) de estos ácidos se eleva nuevamente entre una y tres horas después de la persona haber comido.

7
¿SE PUEDEN PREVENIR LAS ULCERAS?

El hecho de que la Helicobacter pylori sea una bacteria hace posible considerar una serie de medidas para prevenir la infección. Si bien los investigadores aún no han podido determinar con exactitud las causas exactas de contagio, se sugieren las siguientes recomendaciones:

- Observar una higiene adecuada para evitar la trasmisión por exposición a las heces fecales o a través del consumo de agua contaminada. No obstante, se considera que —en términos generales— el contacto íntimo (besos o inclusive el acto sexual) o el contacto casual (como compartir utensilios) no son vías de trasmisión (algunos especialistas no están de acuerdo con esta afirmación, desde luego).
- Eliminar el hábito de fumar (nicotina); además, reducir el consumo de alcohol y el de la cafeína... son medidas que ayudan a aliviar los síntomas. El fumar retarda (o imposibilita) la curación de la úlcera; el alcohol estimula la secreción de los ácidos estomacales, y la cafeína puede contribuir a intensificar el dolor gástrico.
- Controlar al máximo los niveles de estrés.
- Evitar tomar medicamentos anti-inflamatorios no esteroides (la aspirina, por ejemplo) o corticosteroides.
- Contrariamente a la creencia popular, seguir una dieta blanda o reducir los niveles de estrés tiene muy poco o ningún efecto en la cura de las úlceras... pero pueden ser medidas que ayuden a controlar los síntomas.
- Tampoco es efectivo el consumo de leche en grandes cantidades, ya que el exceso de calcio estimula a su vez la producción de los poderosos ácidos estomacales.

En estos momentos los científicos se encuentran desarrollando una vacuna contra la Helicobacter pylori y algunos especialistas opinan que los ensayos clínicos con pacientes pudieran comenzar en los próximos años.

CAPITULO 5

¿QUE HACER CUANDO
LOS INTESTINOS SE ENFERMAN?

Después de los placeres incomparables del paladar, después de degustar de un delicioso y suculento plato, una buena copa de vino, y un apetitoso postre, se inicia uno de los mecanismos biológicos más complicados, necesarios y eficientes del organismo: la digestión. Pero a diferencia de la veneración que se rinde a los placeres de la mesa, los detalles de la digestión a veces son, inexplicablemente, más bien objeto de evasivas, de eufemismos, y —sobre todo— de silencio.

Veamos qué sucede con los alimentos una vez que han pasado a los intestinos:

- Luego que el intestino delgado absorbe todos los elementos nutritivos necesarios y digeribles que entraron al aparato digestivo por la vía oral (formando el bolo alimenticio), y después de haber pasado primeramente por el esófago y luego el estómago, el resto pasa al intestino grueso (o colon), donde se forman las heces fecales que luego son expulsadas a través del recto.
- En el colon (que es una estructura tubular de entre 1.20 y 1.80 metros de largo, que algunos consideran que es como una especie de tanque de desecación), los líquidos que aún no han sido absorbidos arrastran partículas de desecho, bacterias, y electrolitos, elementos que llegan a una especie de bolsa (el ciego), que se encuentra al principio del llamado colon ascendente.
- A medida que el líquido pasa lentamente a través del colon (un proceso que toma aproximadamente 24 horas), este órgano —con su amplia red de vasos sanguíneos— reabsorbe la mayor parte de los líquidos que han llegado a él, dejando solamente el material de desecho sólido.
- Mientras que este proceso tiene lugar, el colon segrega mucosidades que sirven para unir estos elementos de desecho, que son las heces fecales.
- Pero el colon tiene otra función importantísima: activar a los millones de bacterias que habitan en él para descomponer las fibras no digeridas y los azúcares que han

logrado escapar a los procesos digestivos que tienen lugar en el estómago y en el intestino delgado.

- Durante el día, mediante contracciones vigorosas, el colon (que es un órgano provisto de músculos) va trasladando las heces fecales ya compactas hacia el recto. Esta compresión ocurre por lo general tres veces al día (después de las comidas principales), cuando el estómago está lleno.
- En cuanto el recto se llena, y sus paredes se encuentran distendidas, un reflejo activa el movimiento de las heces fecales, las cuales son finalmente expulsadas al exterior.

A veces, este complejo mecanismo —que en condiciones normales funciona a la perfección— se interrumpe debido a diferentes factores... y es entonces que surgen las enfermedades intestinales, las cuales no sólo causan molestias y dolores, sino que algunas de ellas pueden poner en peligro la salud.

A continuación le ofrecemos la información necesaria sobre las enfermedades intestinales que se manifiestan con más frecuencia.

¡TODO SOBRE LA COLITIS ULCERATIVA!

La llamada enfermedad inflamatoria del intestino es un término bajo el cual se agrupan una serie de trastornos digestivos crónicos que causan inflamación o ulceración en el intestino grueso o delgado. Con frecuencia, la enfermedad inflamatoria del intestino es clasificada específicamente como colitis ulcerativa o enfermedad de Crohn, pero también puede llamársele colitis, enteritis, ileítis, y proctitis.

A continuación le ofrecemos toda la información que usted necesita saber sobre la colitis ulcerativa, incluyendo sus verdaderos riesgos y los peligros que representa.

¿QUE ES LA COLITIS ULCERATIVA?

Aunque tanto la colitis ulcerativa —lo mismo que la enfermedad de Crohn— quedan agrupadas bajo el término de enfermedades inflamatorias del intestino,

- la colitis ulcerativa causa ulceraciones e inflamación del revestimiento interior del colon y el recto,
- mientras que la enfermedad de Crohn es una inflamación que se extiende dentro de las capas más profundas de las paredes intestinales, e incluso puede afectar también otras partes del tracto digestivo (incluyendo la boca, el esófago, el estómago, y el intestino delgado).

Como la colitis ulcerativa y la enfermedad de Crohn causan síntomas similares (los cuales con frecuencia se parecen a los de otros trastornos digestivos, como es el caso del síndrome de intestino irritable), el diagnóstico preciso por parte del especialista pudiera tomar algún tiempo:

- En la colitis ulcerativa, el revestimiento interior del intestino grueso (colon) y el recto se inflama.
- Esta inflamación usualmente comienza en el recto y en el colon sigmoideo (la parte final del colon; en forma de una S y próxima al ano), y se expande hacia el área superior; es decir, a todo el colon.
- La colitis ulcerativa raramente afecta el intestino delgado, excepto en su sección más baja, llamada íleon.
- La inflamación causa que el colon se vacíe frecuentemente, resultando en diarreas.
- Como las células sobre la superficie del revestimiento del colon mueren y se desprenden, se forman pequeñas ulceraciones que causan pus, mucosidades, y sangramiento.

La colitis ulcerativa se presenta con mayor frecuencia en las personas jóvenes, comprendidas entre los 15 y los 40 años de edad; no obstante, los niños y los ancianos también algunas veces desarrollan la enfermedad. Afecta a hombres y mujeres por igual, y la tendencia a la enfermedad parece estar presente en algunas familias (factores genéticos).

¿CUALES SON LAS CAUSAS?

Las causas de la colitis ulcerativa son desconocidas hasta el presente, y actualmente no existe una cura efectiva para la enfermedad, excepto la extirpación quirúrgica del colon.

Existen, por supuesto, muchas hipótesis acerca de las causas de la colitis ulcerativa, pero ninguna ha sido probada de una manera concluyente. La hipótesis más actual sugiere que un agente (posiblemente un virus o una bacteria atípica), interactúa con el sistema inmunológico del cuerpo y desata una reacción inflamatoria en las paredes intestinales.

Aunque hay evidencia científica que prueba que las personas que padecen de colitis ulcerativa presentan trastornos del sistema inmunológico, los médicos no han logrado determinar si las anormalidades son una causa o el resultado de la enfermedad. Algunos especialistas consideran, sin embargo, que hay pruebas limitadas de que la colitis ulcerativa sea causada por problemas emocionales, sensibilidad a ciertos alimentos, o que sea el resultado de una infancia infeliz (como muchas veces se ha asegurado, entre quienes consideran que los factores emocionales desatan trastornos digestivos).

EL DIAGNOSTICO

El diagnóstico de la colitis ulcerativa puede resultar algo difícil, y requiere que el paciente se someta a una serie de pruebas, algunas más agresivas que otras. Ante síntomas que revelan una posible colitis ulcerativa, el médico puede utilizar las siguientes herramientas de diagnóstico:

- **Sigmoidoscopía y biopsia.** Utilizando un endoscopio (un tubo flexible con luz, que se inserta a través del ano para examinar el intestino delgado), el especialista inspeccionará el interior del recto y del colon. Durante el examen, el médico también tomará una muestra del tejido del revestimiento del colon para analizarla después bajo el microscopio (biopsia) en el laboratorio.
- **Rayos X con enema de bario.** El paciente también pudiera recibir un enema de bario y someterse a los rayos X del colon para determinar la naturaleza y la extensión de la enfermedad. Este procedimiento implica poner una solución de bario en el interior del colon; el bario se verá blanco en las películas de rayos X, revelando de esta forma cualquier tipo de crecimiento o anormalidad que se haya desarrollado en el colon.
- **Análisis de sangre para detectar anemia o alteración en los glóbulos blancos.** El médico también practicará un riguroso examen físico, incluyendo análisis de sangre para detectar una posible anemia como resultado de la pérdida de sangre, así como para observar también si el conteo de glóbulos blancos está elevado como consecuencia de la inflamación.
- **Análisis de las heces fecales.** El examen de una muestra fecal igualmente puede informarle al especialista si una infección por ameba u otras bacterias es lo que está causando los síntomas.

Si al final de todos estos exámenes el diagnóstico es de colitis ulcerativa, la asistencia médica será necesaria durante algún tiempo.

TRATAMIENTO PARA
LA COLITIS ULCERATIVA

El tratamiento de la colitis ulcerativa pudiera incluir los siguientes elementos fundamentales:

- Cambios en la dieta (sólo en aquellos casos en que realmente sean beneficiosos).
- Medicamentos.
- Hospitalización.
- Cirugía.

Se considera que ninguna dieta especial es requerida en el caso de personas que sufran de colitis ulcerativa, pero algunos pacientes pudieran ser capaces de controlar síntomas moderados de la enfermedad evitando simplemente ciertos alimentos que parecen afectar sus intestinos. En algunos casos, los médicos recomiendan evitar ingerir alimentos que estén muy sazonados o la leche (al menos por un período de tiempo). Si el tratamiento dietético llegara a ser necesario, éste debe ser diseñado para cada caso en particular, dado que lo que puede ayudar a un paciente pudiera no ser efectivo en otro.

- Los pacientes con colitis ulcerativa moderada o severa son usualmente tratados con el medicamento sulfasalazina, el cual puede ser usado por tanto tiempo como sea necesario, y no presenta contraindicaciones con respecto a otros medicamentos que la persona pueda estar tomando. Algunos efectos secundarios —como náuseas, vómitos, pérdida de peso, acidez, diarreas, y dolores de cabeza— ocurren en un pequeño porcentaje de los casos.

- Si la respuesta a la sulfasalazina no es la adecuada, entonces el especialista recurre a otros medicamentos similares, como son los agentes 5-ASA. En algunos casos, a los pacientes con una colitis ulcerativa severa (o aquéllos que no pueden tomar los medicamentos del tipo sulfasalazina) se les administran esteroides (medicamentos que ayudan a controlar la inflamación y afectan el sistema inmunológico) como la prednisona y la hidrocortisona. Todos estos medicamentos pueden ser administrados por la vía oral, o en forma de enemas o supositorios.

- Otros medicamentos también pueden ser administrados para relajar al paciente o aliviar el dolor, las diarreas, o controlar la infección.

Otras recomendaciones:

- Para reducir los dolores en el abdomen se pueden aplicar compresas calientes (o almohadillas eléctricas de calor) directamente al abdomen. Igualmente, los baños de inmersión calientes pueden producir alivio.

- Es importante dejar de fumar, si aún lo hace.

- Reduzca y controle el nivel de estrés emocional al que pueda estar sometido; se ha comprobado que las tensiones y la ansiedad activan los episodios de colitis en muchos pacientes.

- No consuma aspirinas, ya que incrementa el peligro de que se produzcan sangramientos.

- Ingiera frutas y vegetales ya cocinados y sin la cáscara, la cual puede ser abrasiva. Evite las frutas y vegetales crudos.

- Evite la leche y el consumo de productos lácteos.

- Lleve un diario de los alimentos que ingiere diariamente, y de los síntomas que se le presenten que considere relacionados con ellos. Identifique aquéllos que activan los síntomas de la enfermedad. Evite éstos.

- No consuma alcohol, cafeína, o elementos que pudieran resultar irritantes.

- Hable con su médico para que éste determine si requiere suplementos de hierro (en el caso de que la pérdida de sangre haya sido grande). En algunas situaciones, los suplementos de vitaminas y minerales pueden ser necesarios.

Los pacientes que sufren de colitis ulcerativa ocasionalmente presentan síntomas lo suficientemente severos como para requerir ser hospitalizados. En estos casos, el médico tratará de corregir las deficiencias que puedan existir en la dieta, y detener las diarreas y la pérdida de sangre, fluidos, y sales minerales. Para alcanzar esto, el paciente pudiera necesitar una dieta especial, alimentación por la vía intravenosa, medicamentos, y —en algunos casos— no hay otra alternativa que recurrir a la cirugía.

EL SINDROME DEL
INTESTINO IRRITABLE:
LA ENFERMEDAD INTESTINAL
MAS FRECUENTE

También se le identifica como síndrome del colon irritable, colon espástico, y colitis; se trata de un trastorno funcional en el colon, quizás el que más afecta al sistema digestivo:

- No es una condición contagiosa, hereditaria, ni llega a derivar en el desarrollo de tumoraciones cancerosas (como algunas personas piensan).
- Se caracteriza por la irritación e inflamación del colon, lo cual se manifiesta en síntomas como pueden ser las diarreas y el estreñimiento (o ambos, presentándose en episodios alternos) y dolores abdominales, además de un movimiento irregular del vientre.
- Aunque los síntomas se alivian (e inclusive desaparecen) por algún período de tiempo, la condición por lo general es recurrente, y afecta a la persona durante toda su vida.
- Aunque no es una situación que pudiera considerarse crítica para la salud, no hay duda de que se pueden desarrollar complicaciones, además de que es causa de numerosas molestias.

Hasta el presente —a pesar de las muchas investigaciones realizadas— no se ha determinado una causa bioquímica o estructural de estos trastornos intestinales que —según las estadísticas— afectan a las mujeres dos veces más que a los hombres, y que se manifiestan especialmente al comienzo de la edad adulta:

- En términos generales se considera que la condición se debe a un trastorno en el movimiento muscular involuntario del intestino grueso. No obstante, no se presenta ningún tipo de anormalidad en la estructura intestinal, y las personas que padecen de esta condición no siempre pierden peso ni sufren de deficiencias en la nutrición.
- Las estadísticas también revelan que es el trastorno intestinal más frecuente; es más, representa más del 50% de las visitas que los pacientes hacen a sus gastroenterólogos.
- Sí parece existir una estrecha relación entre la siquis y las funciones digestivas, al punto de que algunos especialistas consideran que el estrés es uno de los factores que causa la condición, y —sin duda— la que más la exacerba. El colon reacciona ante sentimientos de ira y ansiedad con un aumento en sus movimientos y contracciones naturales. Además, incrementa su sensibilidad y disminuye su resistencia al dolor ante los estímulos internos. En muchos casos, aquéllos que sufren del síndrome del intestino irritable también presentan trastornos emocionales, entre los que se incluyen la trastornos obsesivo-compulsivos, la ansiedad, y la depresión.

¿CUALES SON LOS SINTOMAS
DEL COLON IRRITABLE?

Los síntomas pueden ser varios, y muchas personas no les prestan la debida atención hasta que los mismos se vuelven intensos y las molestias ya son mayores:

- Dolores intermitentes en el abdomen.
- Distensión (inflamación) del abdomen, con frecuencia en el lado izquierdo.
- Náuseas.
- Se alcanza un alivio temporal al expulsar los gases o las heces fecales.
- Sensación de que no todas las heces fecales han sido expulsadas después de mover el vientre.
- Exceso de gases.
- Dolor en el recto.
- Pérdida del apetito, lo cual puede provocar pérdida de peso.
- Casi siempre estos síntomas se vuelven más intensos al ingerir alimentos.
- Estados de ansiedad, episodios de depresión.
- Pérdida en la concentración.

Por lo general, las situaciones que preceden a un ataque de colitis incluyen sentimientos de ansiedad, ira, culpa o depresión. También los síntomas pueden ser activados al ingerir alimentos, aunque hasta el presente no se ha identificado uno en específico que pueda ser responsable de la condición.

Otros síntomas se pueden manifestar (los cuales no tienen nada que ver con el síndrome del intestino irritable), y entre los mismos se encuentran la acidez estomacal, los dolores de espalda, un estado de debilidad general, desmayos, la reducción del apetito, y palpitaciones.

Desde luego, los síntomas alcanzan mayor intensidad debido a:

- Los niveles de estrés elevados a los que la persona esté expuesta.
- La fatiga física, causada por una actividad intensa o el exceso de trabajo.
- El consumo excesivo de alcohol.
- Fumar.
- La presencia de otras condiciones físicas que afectan la salud de la persona.

¿Cuándo debe ver al médico?

Si con los síntomas del síndrome del colon irritable se desarrolla fiebre, si las heces fecales se vuelven de una tonalidad oscura anormal, si se presentan vómitos, si se pierde peso (sin que exista un motivo lógico para ello), o si los síntomas no mejoran después de haber iniciado el tratamiento... ¡vea al médico!

¿Se puede prevenir?

Esta es la pregunta que se formulan diariamente millones de personas —a nivel mundial— que sufren las molestias que causa el colon espástico. Y todos los especialistas están de acuerdo en que, si bien se trata de una condición que es crónica, los síntomas sí pueden ser prevenidos o aliviados si se observan dos medidas básicas:

- Reducir y controlar los niveles de estrés.
- Observar una alimentación debidamente balanceada.

¿CUAL ES EL TRATAMIENTO?

Para el tratamiento del síndrome del intestino irritable se han desarrollado varias opciones, una vez que el especialista ha comprobado que no existe ningún otro tipo de trastorno que pueda estar afectando al paciente. Lo fundamental es regularizar nuevamente el movimiento intestinal y aliviar las molestias intestinales.

- Para muchas personas, lo más recomendable es el cambio en el régimen de alimentación. Debe evitarse el consumo de los llamados comúnmente agentes ofensivos: básicamente lactosa, cafeína, alimentos que producen gases, alcohol.
- Asimismo, es importante observar una dieta abundante en fibra y baja en contenido de grasa.
- Reducir el estrés también puede contribuir a controlar la manifestación de los síntomas de esta condición.
- Además, hay medicamentos que se han desarrollado para aliviar los dolores abdominales. Entre ellos se hallan los medicamentos antiespasmódicos, los cuales controlan los calambres en el abdomen. Asimismo, los tranquilizantes contribuyen a aliviar los estados de ansiedad.
- Para controlar las diarreas, el especialista puede recetar medicamentos antidiarréicos (como la loperamida) por un período corto de tiempo.
- En los casos de estreñimiento, los laxantes son especialmente efectivos, aunque debe recordarse que producen gases. Asimismo, es muy importante tener presente que el abuso de los laxantes puede llevar a la deshidratación, a un desbalance en el nivel de los electrolitos, además de provocar dolores intensos. También puede conducir a la llamada catarsis del colon, que no es más que el debilitamiento y la desensibilización de las paredes del intestino.

LA ENFERMEDAD DE CROHN

Se trata de una condición inflamatoria crónica del tracto gastrointestinal (desde la boca al ano), que afecta por lo general el extremo del intestino delgado que se une al intestino grueso (íleon). Se manifiesta en personas de ambos sexos, especialmente en adolescentes y adultos jóvenes, así como a personas que tienen más de 60 años de edad.

Aunque las causas de esta enfermedad no han sido debidamente identificadas hasta el presente, se sabe que puede deberse a una reacción alérgica o a una respuesta excesivamente intensa del organismo ante un agente infeccioso (como pudiera ser una bacteria o virus). También es posible que exista un grado de predisposición genética en los individuos que desarrollan la enfermedad de Crohn, y en esta dirección se continúan llevando a cabo numerosas investigaciones en la actualidad.

Su incidencia actual es de entre 3 y 6 casos por cada 100,000 personas; de acuerdo con las estadísticas más recientes de la **Organización Mundial de la Salud**, que han sido compiladas durante los últimos treinta años, el número de casos aumenta anualmente sin que hasta el momento se haya encontrado una explicación alguna para este fenómeno.

¿CUALES SON LOS SINTOMAS DE ESTA ENFERMEDAD?

Las paredes de los intestinos en quienes padecen esta condición aumentan de espesor debido a la inflamación continua; además, se pueden formar ulceraciones. Sus síntomas característicos son:

- Calambres y dolores abdominales, especialmente después de ingerir alimentos. El dolor a veces es más intenso en el área inferior derecha del abdomen (muchas personas confunden este síntoma con un ataque de apendicitis).
- Náuseas y diarreas.
- Un estado de malestar general.
- Fiebre.
- Pérdida del apetito y, por consiguiente, de peso.
- Sensibilidad en toda el área del abdomen.
- La presencia de una masa compacta en el abdomen, que inclusive puede ser percibida al tacto.
- Heces fecales sanguinolentas (solamente en algunas ocasiones).
- En los niños puede causar determinadas deficiencias en su desarrollo normal.

¿COMO SE DIAGNOSTICA?

- Por medio de la sigmoidoscopía o la colonoscopía (o ambos).
- Rayos X del intestino grueso y delgado.

Si la enfermedad no es debidamente diagnosticada, y el tratamiento no es el adecuado, se pueden presentar complicaciones como:

- Obstrucción intestinal.

- Hemorragias y anemia.
- Fístulas.
- Un absceso perirectal.
- Perforación.
- Vulnerabilidad al desarrollo de tumoraciones cancerosas en el íleon.
- Trastornos renales.
- Deficiencia de vitamina B-12.

¿CUAL ES EL TRATAMIENTO?

El especialista, una vez que ha llegado al diagnóstico correcto, puede recomendar:

- Medicamentos para controlar las diarreas (corticosteroides y anti-inflamatorios).
- Suplementos vitamínicos.
- Medicamentos supresores del sistema inmunológico.
- Calmantes.
- Antibióticos, para combatir cualquier infección presente.
- Medicamentos esteroides, en casos agudos.
- Transfusiones de sangre, en casos críticos.

Además:

- Recurrir al calor para aliviar el dolor (compresas calientes, almohadillas de calor, y baños de inmersión calientes).
- Durante los ataques agudos, lo indicado es descansar en la cama y levantarse únicamente para mover el vientre, comer, o asearse.
- Si existiera algún tipo de alergia a los alimentos, evite la leche, los huevos, las nueces, y cualquier alimento que pudiera desencadenar una reacción alérgica.
- Para controlar las diarreas, es importante incrementar el volumen de fibras que se ingieren diariamente.

Los ataques característicos de la enfermedad de Crohn comienzan a manifestarse en los pacientes a los 20 años de edad, y pueden prolongarse por años. Los intervalos de alivio entre un ataque y otro pueden variar desde unos meses a varios años. Ocasionalmente los síntomas se manifiestan sólo una o dos veces, y desaparecen completamente.

Si la condición requiriera un procedimiento quirúrgico (el médico es quien lo decide), los síntomas pueden llegar a ser controlados y el desarrollo de la enfermedad retardado por años. No obstante, a pesar de la efectividad de la cirugía, la condición puede volver a manifestarse.

LA OBSTRUCCION INTESTINAL

Se le llama así a la obstrucción parcial o total del intestino delgado o del intestino grueso, debido casi siempre a una condición llamada ileus paralítico en la que —sin causa médica alguna— los movimientos peristálticos (las contracciones rítmicas del intestino) cesan, y el contenido de los intestinos deja de moverse para ser expulsado por el recto. No obstante, otros factores pueden provocar la obstrucción intestinal, y entre los mismos se encuentran los siguientes:

- La presencia de hernias intestinales.
- El estrechamiento del canal intestinal (estenosis).
- Las adhesiones que se presentan de tejido cicatrizante después que la persona es sometida a un procedimiento quirúrgico.
- La inflamación intestinal o el desarrollo de tumores (benignos o cancerosos).
- Objetos que han sido ingeridos accidentalmente y que se hallan alojados en los intestinos.
- La presencia de parásitos.
- Una situación de estreñimiento crítica (impactamiento fecal).

¿CUALES SON LOS SINTOMAS?

- Se presentan calambres abdominales dolorosos.
- Náuseas y vómitos (en las etapas avanzadas de la condición, prácticamente se vomitan heces fecales).
- Un estado de debilidad general; mareos y desmayos.
- Pérdida de los fluidos del cuerpo; el volumen de orina llega a ser mínimo.
- Sonidos en el estómago (en las primeras etapas); en fases más avanzadas, los sonidos ya no son perceptibles.
- Gases.
- Inflamación del vientre.
- Diarreas (si la obstrucción intestinal es parcial).
- Sangramiento rectal (en algunas ocasiones).

¿COMO SE DIAGNOSTICA?

En primer lugar, prestando atención a los síntomas. Asimismo, el médico:

- Hará un examen de la historia clínica del paciente, y lo someterá a un reconocimiento físico general.
- Análisis de laboratorio para medir el volumen de líquidos y electrolitos, así como para detectar cualquier tipo de sangramiento y de infección.

- Rayos X del tracto intestinal y del abdomen.

EL TRATAMIENTO

Es importante estar consciente de que la obstrucción intestinal constituye una situación crítica, de emergencia; los remedios y medidas caseras no son efectivos en una situación de este tipo.

- En la mayoría de los casos, el paciente debe ser sometido inmediatamente a una operación para eliminar los elementos que están causando la obstrucción. La cirugía puede eliminar la obstrucción que se ha producido, pero en ocasiones, la causa subyacente de la condición es el desarrollo de tumoraciones cancerosas, lo cual requiere otro tipo de tratamiento. Si éste no es obtenido, las complicaciones pueden ser fatales.

Además:

- El paciente debe ser hospitalizado para normalizar el nivel de fluidos en su organismo, antes de cualquier procedimiento quirúrgico.
- Descanso en la cama hasta que la obstrucción haya sido eliminada completamente.
- Después de la cirugía, es importante reanudar las actividades cotidianas de una forma gradual.
- No ingerir alimentos ni beber líquidos hasta que la obstrucción haya sido controlada. Por lo general el paciente es alimentado por la vía intravenosa.

Si el tratamiento no es debidamente observado, se pueden producir la deshidratación, la gangrena intestinal, y la peritonitis.

LOS TUMORES INTESTINALES

Los tumores en los intestinos pueden ser:

- cancerosos,
- benignos.

1
LOS TUMORES BENIGNOS

No se presentan con frecuencia, pero los pólipos en el colon, y los adenomas, leiomiomas, lipomas y angiomas en el intestino delgado sí son frecuentes. Estos tumores por lo general no presentan síntomas de ningún tipo, y con frecuencia son descubiertos accidentalmente, por medio de un examen por rayos X o una colonoscopía. En raras ocasiones los pólipos evolucionan a volverse cancerosos, pero casi siempre son eliminados en sus primeras etapas de desarrollo, para evitar cualquier peligro.

2
LOS TUMORES CANCEROSOS

Los tumores cancerosos en el intestino delgado son sumamente raros; en cambio, son frecuentes en el intestino grueso (colon).

Se trata del crecimiento errático y sin control de las células malignas en el recto o el colon, y es uno de los tipos de cáncer más frecuentes; puede ser detectado a tiempo por medio de exámenes sencillos. En ambas áreas, los tumores pueden ser:

- Carcinoides (de crecimiento muy lento, sin síntomas, aunque pueden hacer metástasis en el hígado); y
- linfomas (dañan las paredes intestinales y los nódulos linfáticos adyacentes, provocando que los elementos nutritivos en los alimentos no sean absorbidos normalmente).

¿CUALES SON LAS CAUSAS?

No se ha identificado un factor único que active el desarrollo de tumoraciones cancerosas en los intestinos, pero sí un número de elementos que pueden contribuir a la formación de un tumor canceroso. Por ejemplo:

- La elevada incidencia del cáncer del colon en los países occidentales sugiere que la dieta, el medio ambiente, y otros factores pueden activar el cáncer intestinal. Las investigaciones revelan que la alimentación rica en carnes rojas, grasas, y baja en fibra activa la producción y concentración de elementos carcinógenos.
- También es preciso tomar en consideración los factores genéticos. Los estudios y las comparaciones de las estadísticas muestran que el cáncer del colon a veces afecta a varios miembros de una misma familia. En las familias en las que el cáncer es frecuente, la vulnerabilidad de sus miembros a los agentes cancerígenos es mayor.
- En muchas ocasiones, el cáncer del colon se presenta conjuntamente con otras enfermedades del colon, como pueden ser la colitis ulcerativa y la llamada poliposis (una condición que consiste en la presencia de cientos o miles de pólipos en el colon y en el recto).

LA PROCTITIS

La proctitis es la inflamación del recto y de los tejidos alrededor del ano. Es una condición frecuente en los adolescentes y en los adultos de ambos sexos, aunque la incidencia es mayor en los hombres de aproximadamente 30 años de edad.

Las complicaciones severas son raras; no obstante, las estadísticas muestran que entre el 10% y el 30% de las personas que padecen de esta condición, la enfermedad con frecuencia se expande al intestino grueso, convirtiéndose entonces en colitis ulcerativa.

¿CUALES SON LOS SINTOMAS?

- Dolor en el área del recto.
- Necesidad constante de mover el vientre, aunque no hayan heces fecales.
- Descargas sanguinolentas o de mucosidades a través del recto.
- Calambres y dolores en el área inferior izquierda del abdomen.

¿QUE CAUSA LA PROCTITIS?

Enfermedades e infecciones que se trasmiten por contacto sexual (como pueden ser la gonorrea, la sífilis, el herpes genital, etc.). También puede ser causada por candidiasis, clamidia, el virus del papiloma, amebiasis, etc.

La vulnerabilidad es mayor en las personas que:

- Usan laxantes.
- Practican el sexo anal.
- Presentan lesiones en el recto o usan medicamentos a través de la vía rectal.
- Están sometidas a la terapia de radiación.
- Presentan trastornos endocrinos.
- Presentan colitis ulcerativa (que se halla en sus primeras fases de desarrollo).
- Sufren de estreñimiento crónico.
- Presentan tumoraciones cancerosas en el recto.
- Sufren de alergia a alimentos.

¿PUEDE SER PREVENIDA LA PROCTITIS?

Si se observan una serie de recomendaciones, la proctitis puede ser evitada; para ello es preciso:

- No practicar el sexo anal.
- Evitar el estreñimiento.
- No usar laxantes con regularidad.
- No ingerir alimentos que puedan activar una reacción alérgica.
- Evitar contraer enfermedades de trasmisión sexual (si están presentes, las mismas deben ser tratadas inmediatamente por el médico).

¿COMO SE DIAGNOSTICA?

Por lo general, el paciente es quien detecta los primeros síntomas. Al acudir al médico, éste comprobará la historia clínica de la persona, y la someterá a un reconocimiento físico general. Además:

- Se le harán pruebas de laboratorio, tales como conteo de la sangre, pruebas para determinar la presencia de enfermedades de trasmisión sexual (gonorrea y sífilis, principalmente), y análisis de heces fecales.
- También el paciente puede ser sometido a procedimientos tales como la proctoscopía o sigmoidoscopía, para eliminar la posibilidad de que los síntomas se deban a otras condiciones.

También es importante:

- Mantener el área anal completamente limpia.
- Tomar baños de asiento para aliviar el dolor (por unos 10 ó 15 minutos, y con la frecuencia que sea necesario).
- Calmantes para aliviar el malestar que la condición causa.
- Antibióticos para controlar cualquier enfermedad trasmitida por contacto sexual.
- Aciclovir, para tratar el herpes genital (si existiera).
- Supositorios esteroides para reducir la inflamación que pueda ser causada por otros factores.
- Observar una dieta a base de alimentos con un elevado contenido de fibras.
- Beber por lo menos 8 vasos de agua al día.
- No ingerir alimentos que puedan desencadenar algún tipo de reacción alérgica.

El control de la proctitis depende básicamente del tratamiento de las condiciones subyacentes de la condición. Las infecciones pueden ser curadas por medio de antibióticos. Los síntomas de otros trastornos pueden ser aliviados (o controlados) con los tratamientos respectivos.

ENFERMEDADES DIVERTICULARES
(DIVERTICULOSIS Y DIVERTICULITIS)

La **diverticulosis** es la presencia de pequeñas bolsas (divertículos) en las paredes del colon. Estos divertículos pueden desarrollarse sin que se presente ningún síntoma. No obstante, en ocasiones se inflaman, una condición que recibe el nombre de diverticulitis. Se presenta —según las estadísticas— en el 30% al 40% de las personas de más de 50 años, y la incidencia aumenta a medida que la persona va avanzando en años.

No se trata de una condición contagiosa o cancerosa, aunque debe ser tratada, debido a que los divertículos pueden infectarse, sangrar profusamente, o ser perforados y causar la peritonitis. Es importante mencionar que la diverticulosis se vuelve peligrosa únicamente cuando los divertículos se infectan o llegan a sangrar. La diverticulitis puede ser curable por medio de procedimientos quirúrgicos.

¿CUALES SON LOS SINTOMAS?

En la diverticulosis:
- En muchas ocasiones, esta condición no presenta síntomas de ningún tipo.
- Calambres moderados y sensibilidad en el lado izquierdo del abdomen. Esta molestia puede ser aliviada al eliminar los gases o mover el vientre.
- Trazas de sangre (de tonalidad roja) en las heces fecales. Los divertículos no infectados a veces sangran.
- Estreñimiento (a veces).

En la diverticulitis:
- Calambres intermitentes y dolores abdominales que pueden llegar a ser constantes. El dolor puede resultar incapacitante en algunas ocasiones.
- Náuseas.
- Fiebre.
- Sensibilidad en el área afectada del colon.

¿CUALES SON LAS CAUSAS?

No han sido definidas, pero en términos generales los especialistas consideran que es una condición hereditaria. Las investigaciones más recientes sugieren que los alimentos procesados ingeridos en la dieta habitual contribuye a la formación de los divertículos: se desarrolla presión en el colon sigmoideo como resultado de espasmos que se producen debido a la falta de consistencia en el bolo alimenticio. Como resultado, las membranas interiores forman pequeñas bolsas (los divertículos).

Por supuesto, el riesgo a llegar a desarrollar los divertículos aumenta cuando:

- La alimentación habitual no es abundante en fibras.
- Si existen casos de diverticulosis en la misma familia.
- Cuando la persona es obesa.
- Si se presentan enfermedades en las arterias coronarias o en la vesícula biliar.

¿COMO SE DIAGNOSTICAN LAS ENFERMEDADES DIVERTICULARES?

Inicialmente, el paciente comprueba los síntomas que le afectan. Esto lo lleva al médico, quien tomará en consideración la historia clínica de la persona, y la someterá a un reconocimiento físico general. Además, recomendará:

- Rayos X del intestino grueso, con un enema de bario.
- Una sigmoidoscopía.

EL TRATAMIENTO

Si no se manifiestan síntomas, el tratamiento de las enfermedades diverticulares no es realmente necesario. Inclusive si los síntomas son moderados, el incorporar algunas modificaciones en la dieta y el empleo de suavizadores de las heces fecales pueden ser medidas suficientes para que el paciente se sienta bien. En caso de síntomas más intensos, es probable que el médico recomiende descanso total en la cama, medicamentos, e inclusive la cirugía. En todo caso:

- Es fundamental mover el vientre aproximadamente a la misma hora todos los días. Este proceso no debe ser apresurado: no menos de 10 minutos en el baño, sin hacer esfuerzos mayores.
- También es importante examinar las heces fecales para comprobar si las mismas presentan trazas de sangre. Si las heces fecales son de una tonalidad oscura, es importante que el médico las someta a un análisis.
- Para aliviar el dolor moderado y los espasmos, el calor es efectivo (aplicar una almohadilla de calor al área del abdomen).

También el especialista puede recomendar:

- Antibióticos, si los divertículos están infectados.
- Suavizadores de las heces fecales.
- Es importante no recurrir a los laxantes, a menos que el médico los ordene.

Si se presenta fiebre o si los dolores se vuelven intensos, se recomienda el descanso en cama. Además:

- Ingerir alimentos ricos en fibra, y bajos en sal y grasas.
- Evitar los alimentos que contribuyen a desencadenar episodios de estreñimiento (bananas, arroz, manzanas, etc.), así como aquéllos que presentan semillas pequeñas, no digeribles (fresas, frambuesas, etc.).

CONVIENE SABERLO...

1
¿CUALES SON LOS SINTOMAS DE
LA COLITIS ULCERATIVA?

Los síntomas más comunes de la colitis ulcerativa son, desde luego, el dolor abdominal (en el área izquierda del abdomen, el cual cede después de mover el vientre) y las diarreas sanguinolentas (hasta 10 ó 20 episodios diarios). No obstante, los pacientes pueden también sufrir de:

- Fatiga.
- Pérdida de peso.
- Sudoración intensa.
- Deshidratación.
- Pérdida del apetito.
- Sangramiento rectal.
- Pérdida de los fluidos corporales y elementos nutritivos.

El sangramiento severo puede conducir a la anemia. Algunos pacientes también desarrollan lesiones en la piel, dolores en las articulaciones, inflamación de los ojos, y trastornos del hígado.

A pesar de las muchas investigaciones que se han realizado al respecto, nadie ha logrado determinar por qué algunos problemas que se presentan fuera del intestino están asociados con la colitis ulcerativa, pero los científicos estiman que estas complicaciones pueden ocurrir una vez que el sistema inmunológico desata la inflamación en otras partes del cuerpo, como uno de sus mecanismos de defensa. Estos desórdenes son usualmente ligeros y desaparecen una vez que la colitis es tratada por medio de procedimientos efectivos.

2
¿ES REALMENTE SERIA
LA COLITIS ULCERATIVA?

Aproximadamente el 50% de los pacientes que sufren de colitis ulcerativa presentan solamente síntomas moderados. Otros sufren de fiebres frecuentes, diarreas sanguinolentas, náuseas, y dolores abdominales severos. Sólo en raros casos —cuando ocurre una complicación— la enfermedad llega a ser fatal.

La colitis ulcerativa puede tener también numerosos y extensos períodos de remisión; es decir, etapas en las que los síntomas desaparecen completamente, algunos de los cuales se manifiestan durante meses (e incluso años). Sin embargo, la mayoría de los síntomas finalmente se presentan de nuevo. Este cambio en los patrones de la enfermedad puede hacer difícil que el médico determine si el tratamiento que ha impuesto al paciente en realidad ha sido efectivo.

El riesgo de desarrollar el cáncer del colon es mayor que el normal sólo en aquellos pacientes que presentan una colitis ulcerativa ampliamente expandida. De acuerdo con las estadísticas compiladas a nivel mundial, este riesgo pudiera llegar a ser tan alto como 32 veces el normal en aquellos pacientes en los que la totalidad del colon está afectada por la enfermedad, especialmente si la colitis ha existido por muchos años. Sin embargo, si sólo el recto y la parte baja del intestino grueso están afectadas, el riesgo a que se presente una tumoración cancerosa no es más alto que el normal.

Algunas veces se presentan cambios pre-cancerosos en las células que revisten el colon, cambios que son conocidos con el nombre de displasias. Si el especialista detecta la evidencia de displasia a través del examen endoscópico o la biopsia, esto significa que el paciente es más propenso a desarrollar el cáncer. Los pacientes con displasia —o aquéllos cuya colitis afecta la totalidad del colon— deberán someterse a exámenes periódicos, los cuales pudieran incluir la sigmoidoscopía y las biopsias frecuentes.

3
OPCIONES PARA LOS PACIENTES
QUE REQUIEREN CIRUGIA...

Aproximadamente entre el 20% y el 25% de los pacientes con colitis ulcerativa finalmente requieren ser sometidos a procedimientos quirúrgicos para extirpar el colon a causa del sangramiento masivo, una enfermedad crónica debilitante, la perforación del colon, o los riesgos de que se desarrollen tumoraciones cancerosas. Algunas veces el especialista puede recomendar extirpar el colon cuando el tratamiento médico falla o los efectos secundarios de los esteroides u otros medicamentos amenazan la salud del paciente. Estos tienen entonces algunas opciones quirúrgicas a su disposición, cada una de las cuales ofrece ventajas y desventajas. El cirujano y el paciente deben decidir, conjuntamente, cuál es la mejor alternativa en cada caso.

La decisión acerca de a qué tipo de cirugía debe someterse el enfermo afectado por la colitis ulcerativa debe hacerse de acuerdo con las necesidades, expectativas, y estilo de vida de cada paciente. Si usted alguna vez se encuentra en una situación de este tipo, recuerde que es fundamental obtener el máximo de información posible antes de dar su respuesta final a las recomendaciones del especialista. Hable con su médico de familia, con las enfermeras que atienden habitualmente a este tipo de pacientes, e inclusive con otros pacientes que padezcan de esta condición. Además, lea libros y todos los artículos médicos que pueda encontrar para que pueda estar lo mejor informado posible.

Las opciones quirúrgicas más practicadas en la actualidad:

- **PROCTOCOLESTOMIA.** Es la cirugía más común. Consiste en la extirpación de la totalidad del colon y del recto, con la realización de una ileostomía adicional; es decir, la creación de una pequeña abertura en el vientre para permitir el drenaje de los desperdicios.
- **PROCTOCOLESTOMIA CON ILEOSTOMIA CONTINENTE.** Esta es una alternativa a la ileostomía común. En esta operación, el cirujano crea una bolsa fuera del íleon, pero dentro de la pared del abdomen bajo. El paciente es capaz de vaciar la bolsa al insertar un tubo a través de una pequeña abertura (a prueba de goteo) a su lado. La creación de esta válvula natural elimina la necesidad de un aparato externo; sin embargo, el paciente deberá usar una bolsa externa durante los primeros meses después de la operación.
- **ANASTOMOSIS ILEOANAL.** La anastomosis ileoanal implica la creación quirúrgica de una comunicación entre dos espacios u órganos separados normalmente; en este caso, el íleon y el ano. Algunos pacientes pueden someterse a esta intervención quirúrgica que evita el tener que recurrir a cualquier bolsa artificial. En ella, la porción muerta del colon se extirpa y los músculos externos del recto son preservados. El cirujano engancha el íleon dentro del recto formando un depósito que contiene los desperdicios. Esto le permite al paciente pasar las heces fecales a través del ano de una manera normal, aunque los movimientos intestinales pueden ser más frecuentes y acuosos que lo usual.

La mayoría de las personas que sufren de colitis ulcerativa nunca necesitarán someterse a la cirugía, si ésta fuera necesaria, pueden encontrar sosiego sabiendo que después de la operación, la colitis quedará curada.

4
¿COMO SE DIAGNOSTICA
EL SINDROME DEL INTESTINO IRRITABLE?

Primeramente el especialista examina la historia clínica del paciente, además de someter al mismo a un examen general. Además:

- Se le somete un análisis de las heces fecales.
- Es frecuente que el especialista ordene pruebas de rayos X de la cavidad abdominal (con un enema de bario).

- La sigmoidoscopía, para examinar el colon mediante un endoscopio pasado a través del recto. Este procedimiento es de gran utilidad para que el especialista emita su diagnóstico.

En realidad todas estas pruebas sirven para eliminar la posibilidad de que el paciente padezca de otras condiciones (como intolerancia a la lactosa, úlceras, parásitos, una deficiencia enzimática, colitis ulcerativa, y la inflamación intestinal), las cuales presentan síntomas similares.

5
SINDROME DEL COLON IRRITABLE: ¿QUE MEDIDAS PUEDEN PRODUCIR ALIVIO?

Algunas medidas fáciles de implementar permiten reducir los dolores y malestares que son causados por el síndrome del colon irritable:

- Aplicar calor al abdomen (compresas, almohadillas de calor).
- Eliminar el cigarrillo; las investigaciones demuestran que la nicotina contribuye a activar la condición.
- Por supuesto, controlar al máximo el estrés al que pueda estar sometida la persona.
- Incrementar el consumo de fibras para estimular el movimiento intestinal (es importante incorporar la fibra a la alimentación diaria en una forma lenta y progresiva).
- No ingerir alimentos ya identificados que puedan incrementar la intensidad de los síntomas. La experiencia demuestra que el consumo de café y leche puede agravar la condición en algunas personas. Mantenga una lista de aquéllos que usted ya haya comprobado que agravan los síntomas.
- Evite los alimentos que generen gases, así como los que están muy condimentados o que resultan irritantes.
- Evite comer en exceso, pero ingiera alimentos regularmente.
- Limite al máximo el consumo de alcohol.

En todo caso, es importante estar consciente de que a pesar de todos los tratamientos a los que se pueda recurrir, la condición no tiene cura... aunque los síntomas sí pueden ser aliviados. Por ello es muy importante familiarizarse con el funcionamiento de los intestinos; estos conocimientos le permitirán saber mejor su propio cuerpo, le harán modificar algunos hábitos perjudiciales, y —con toda seguridad— le permitirá ser una persona mucho más saludable.

6
¿PUEDE SER PREVENIDA
LA OBSTRUCCION INTESTINAL?

Observe las siguientes recomendaciones:

- Ingiera alimentos abundantes en fibras.
- Beba no menos de 8 vasos de agua (o líquidos) durante el día; de esta forma se evitan los episodios de estreñimiento y la impactación fecal.
- Si presenta una hernia, vea al médico inmediatamente.
- Vea igualmente al médico si los hábitos para mover el vientre varían en forma significativa por un período de más de siete días. Este puede ser uno de los síntomas del cáncer intestinal, y debe ser atendido rápidamente.

7
¿CUALES SON LOS SINTOMAS DEL
CANCER COLO-RECTAL?

- Por lo general, no se manifiestan síntomas durante sus primeras etapas de desarrollo.
- Hemorragias rectales.
- Heces fecales sanguinolentas; el color de las mismas es oscuro.
- Dolor abdominal.
- Sensación de llenura.
- Cambios en los movimientos intestinales; pueden presentarse episodios de diarreas, estreñimiento, y heces fecales más pequeñas.
- Pérdida de peso.
- Dolor en el recto.
- Anemia.
- Pérdida del control intestinal (en algunas ocasiones).

8
¿PUEDEN SER PREVENIDAS
LAS ENFERMEDADES DIVERTICULARES?

Hasta el presente, el desarrollo de esta condición no puede ser evitado, pero los riesgos sí pueden ser reducidos, y los síntomas controlados. Para ello, siga las siguientes recomendaciones:

- Ingiera alimentos con un alto contenido de fibras, siempre.
- Beba líquidos en abundancia.

- No se esfuerce a mover el vientre.
- Mantenga su salud cardiovascular en condiciones óptimas. Algunos especialistas consideran que las enfermedades diverticulares están relacionadas con la presencia de los trastornos cardiovasculares.

CAPITULO 6

APENDICITIS:
¡ES PRECISO IDENTIFICAR
LOS SINTOMAS!

Es una condición que se presenta con mucha frecuencia, pero no por ello deja de ser grave. Además, a pesar de sus síntomas definidos, no siempre es posible que el especialista la diagnostique inmediatamente, y mucho menos el paciente... esto complica la situación. ¿Qué se puede hacer en estos casos?

Para cualquier cirujano, la apendicectomía (extirpación del apéndice vermiforme) es una de las operaciones quirúrgicas más sencillas que puede practicar... siempre que el paciente que presente el cuadro de apendicitis (una inflamación aguda del apéndice) reciba el diagnóstico correcto y llegue a tiempo al quirófano. En ocasiones, la gravedad de esta condición es extrema: en los casos en que se presenta un absceso o la peritonitis (es decir, la inflamación del revestimiento de la cavidad abdominal, causada por la perforación del apéndice)... y en algunas oportunidades es mortal. Es por ello tan importante que se puedan detectar rápidamente los síntomas de la condición y que los mismos sean identificados debidamente, para evitar crisis peligrosas que pueden desarrollarse en cuestión de horas, si la persona afectada no recibe la atención médica requerida.

¿QUE ES EL APENDICE?

Sin duda, la palabra apéndice es uno de los términos que más se escucha en la terminología médica, y se utiliza —en general— para designar una parte suplementaria, accesoria o dependiente de una estructura principal de nuestro organismo, a la cual está unida. Sin embargo, en términos generales empleamos la palabra apéndice cuando en verdad nos referimos al llamado **apéndice vermiforme** o **apéndice vermicular**, una estructura tubular estrecha (en forma de dedo) que se une al intestino grueso, y la cual —

aparentemente— no tiene función alguna en nuestro organismo... aunque algunos especialistas consideran que su contenido (tejido linfático, principalmente) sugiere que constituye un posible instrumento de defensa del sistema inmunológico del cuerpo para evitar el desarrollo de las infecciones en el área abdominal.

¿Cómo podemos encontrarlo?

- En general el apéndice vermiforme se puede ubicar en el cuadrante inferior derecho del abdomen.
- Muchas veces se halla detrás del ciego (la primera parte del intestino grueso).
- Sin embargo, en algunas personas desciende en el área de la pelvis y se aloja debajo del ciego, aunque también puede ser encontrado delante o detrás del íleo (una parte del intestino delgado).

Precisamente, el hecho de que su posición varíe (según el individuo) determina los síntomas que se puedan presentar en una situación de apendicitis, y desorienta más al especialista en el momento de emitir un diagnóstico.

En todo caso, se puede afirmar que —como promedio— el apéndice vermiforme tiene unos 9 centímetros de longitud, con paredes gruesas que forman una cavidad estrecha, presentando un revestimiento similar al del intestino grueso, al que está unido.

CUANDO EL APENDICE SE ENFERMA...

Se estima que 1 de cada 500 personas pueden desarrollar una inflamación del apéndice vermicular todos los años:

- La condición afecta a personas de ambos sexos.
- Se considera que es en extremo rara en niños menores de 2 años.
- Por lo general se presenta en individuos que se hallan en las edades consideradas críticas: entre los 15 y los 24 años (aunque también la inflamación se puede producir en personas de más edad, lo cual casi siempre hace más compleja la situación, especialmente porque se hace más difícil su diagnóstico, así como por las complicaciones que se pueden presentar).

Cuando el apéndice se inflama, sobreviene lo que todos conocemos como un ataque de apendicitis (o ataque apendicular). Esta es una condición muy común, y en la inmensa mayoría de los casos, el paciente logra recuperarse de la misma por medio de una intervención quirúrgica muy sencilla que se considera —según la **Organización Mundial de la Salud**— que es uno de los procedimientos quirúrgicos más practicados en todo el mundo.

Es sumamente importante prestar especial atención a cualquier dolor abdominal que se pueda presentar. La apendicitis puede manifestar sus primeros síntomas mediante un dolor ligero que se presenta en la boca del estómago (en el llamado epigastrio, que es la zona superior y media del abdomen). Normalmente, este tipo de dolor no es —en general— un motivo de preocupación mayor para muchas personas, ya que el mismo puede obedecer a factores menores, y en muchos casos se trata de un síntoma pasajero que hasta puede llegar a desaparecer sin la necesidad de que se tome medicamento alguno.

No obstante, cuando se trata de la inflamación del apéndice vermiforme (una situación de apendicitis), el caso es realmente crítico... y con frecuencia, mortal. Es por esta razón que, ante un dolor que se manifieste en la zona abdominal, es necesario ver al médico cuanto antes para que éste investigue y elimine la posibilidad de que se trate de una inflamación del apéndice vermiforme; si en efecto es ésta lo que provoca los síntomas, la intervención quirúrgica debe ser inminente.

¿CUALES SON LAS CAUSAS DE LA APENDICITIS?

En la mayoría de los casos no se puede hablar de una causa única y evidente para una situación de apendicitis. En general podemos referirnos al hecho de que se presenta una infección (por factores difíciles de determinar), la cual es provocada por bacterias que provienen del tracto intestinal. Asimismo, es preciso considerar otros factores que pueden causar la condición:

- Cálculos pequeños.
- Tumores.
- Infección, ante la presencia de parásitos (tales como oxiuros, que son un tipo de lombrices parásitas del intestino del hombre y de varios animales; o los esquistosomas, que es una especie de gusano aplanado que vive en los vertebrados y cuyas larvas penetran en la sangre del huésped que lo aloja por estar éste en contacto con las aguas contaminadas).
- Tumoraciones malignas en el ciego.

Sin embargo, en la gran mayoría de los casos se presentan los conocidos fecalitos, unos cálculos de materia fecal dura, con sales inorgánicas y calcio, cuya presencia casi siempre sugiere el inicio de la obstrucción del apéndice. Una vez que se consuma el proceso de obstrucción, el apéndice se inflama, se infecta, y se satura de pus, lo que en muchas ocasiones se complica con una situación de gangrena (la muerte de los tejidos) de sus paredes, las cuales se pueden perforar fácilmente.

Si se produce la ruptura de las paredes del apéndice, el contenido de pus pasa al abdomen, causando una infección y lo que se conoce con el nombre de peritonitis (vea el recuadro que se incluye en estas mismas páginas). En algunos casos, el propio intestino impide que la infección se expanda por la cavidad abdominal, formando un absceso que puede ser localizado en las zona próxima al apéndice. De cualquier forma, esta ruptura origina fiebre y escalofríos, así como dolores muy intensos que se presentan de forma recurrente. El tratamiento a seguir es, desde luego, someter al paciente a una cirugía de emergencia (apendicectomía); de lo contrario, si no se toma acción, la situación puede llegar a ser mortal.

LA APENDICECTOMIA...

Una vez que se diagnostica con seguridad la condición (un ataque apendicular), la única opción es extirpar el apéndice (apendicectomía) en forma inmediata, para que el cuadro clínico que presenta el paciente no adquiera mayores dimensiones. Para ello:

- Antes de la operación, se le hacen al paciente análisis de sangre y de orina, así como rayos X del área abdominal.
- El paciente es anestesiado; se emplea anestesia general (por inyección o inhalación).
- El cirujano practica una incisión en el bajo abdomen.
- Los músculos abdominales y los órganos son separados, para aislar así al apéndice vermiforme, el cual es entonces separado del intestino grueso por medio del bisturí, y eliminado.
- Se sutura el intestino, se cauteriza toda el área, y se esteriliza (para evitar el desarrollo de una infección).
- Asimismo, el cirujano inspecciona minuciosamente toda la zona alrededor del apéndice vermiforme para comprobar la posible presencia de cualquier condición que no haya sido detectada en reconocimientos anteriores al proceso quirúrgico.
- Cualquier líquido o pus que provenga del apéndice infectado es eliminado de la cavidad abdominal (por medio de procedimientos de succión).
- En ciertas ocasiones, se implanta un drenaje al paciente en el área donde se hallaba el apéndice que ha sido eliminado quirúrgicamente. Este drenaje se elimina en el término de unas 48 horas.

Por lo general, el paciente debe permanecer en el hospital durante tres o cinco días después de la operación, y los puntos para cerrar la herida se eliminan casi siempre entre el séptimo y décimo día después de practicada la operación. Se considera que el tiempo promedio de recuperación es de unas tres semanas. En todo caso, inmediatamente después de la operación, el cirujano por lo general recomienda:

- Medicamentos calmantes para controlar el dolor.
- Antibióticos, para combatir cualquier tipo de infección que pueda ser causado por las bacterias.
- Medicamentos para mover el vientre con regularidad y evitar que se produzca una situación de estreñimiento.
- Asimismo, para aliviar el dolor que se pueda presentar en el área de la herida, se recomienda el uso de compresas calientes o una almohadillas eléctricas de calor.
- También el especialista le puede sugerir al paciente que, mientras que guarda cama inmediatamente después de la operación, mueva las piernas con frecuencia para evitar la formación de coágulos (una situación que puede ser peligrosa).
- Se sugiere que el paciente no realice ejercicios intensos durante seis o siete semanas después de haber sido sometido a la operación quirúrgica (más tiempo si se ha presentado cualquier tipo de complicación en el proceso).

- El especialista también indicará el tipo de dieta a observar; casi siempre, líquida hasta que el tracto gastrointestinal comience a funcionar normalmente. A partir de ese momento, es conveniente seguir un régimen de alimentación rico en proteínas para acelerar el proceso de cicatrización de la herida.

CONVIENE SABERLO...

1
¿CUALES SON LOS SINTOMAS DE LA APENDICITIS?

- Dolores en el área del ombligo, los cuales se reflejan en la zona inferior derecha del abdomen.
- Este dolor se vuelve persistente a medida que transcurre el tiempo y el área que afecta se va definiendo con mayor precisión. Asimismo, el dolor se vuelve más intenso con los movimientos, al respirar profundamente, al toser o estornudar, y al caminar. Inclusive, el área afectada se vuelve hipersensible al tacto.
- Náuseas.
- Vómitos (en determinadas ocasiones).
- Estreñimiento; también la incapacidad para eliminar gases.
- Diarreas (ocasionalmente).
- Fiebre (por lo general baja, la cual comienza a manifestarse después de que otros síntomas ya son evidentes).
- La hipersensibilidad en el abdomen es uno de los síntomas que son más característicos de la apendicitis. Por lo general se manifiesta en el área inferior derecha del abdomen, pero muchas veces el área de hipersensibilidad abdominal varía según la ubicación del apéndice vermiforme que —como se ha mencionado— puede variar de una persona a otra.
- Inflamación del abdomen, un síntoma que se manifiesta en las etapas posteriores de estarse produciendo el ataque apendicular.
- Un incremento notable en el conteo de glóblulos blancos (leucocitos), uno de los factores por los que el análisis de sangre muchas veces permite confirmar el diagnóstico.

2
¿QUE PUEDE HACER LA PERSONA QUE PRESENTA ESTOS SÍNTOMAS?

En primer lugar, ver al médico inmediatamente. No obstante, es preciso ser consciente de que el diagnóstico no siempre es fácil, ya que los síntomas anteriores en ocasiones se confunden con los que causan otras condiciones, como por ejemplo:

1. La llamada **adenitis mesentérica**, frecuente entre los niños, y que muchas veces se manifiesta después de una infección desarrollada en el tracto respiratorio.
2. La inflamación del riñón derecho (**pielonefritis**).
3. Diferentes tipos de anormalidades que se puedan desarrollar en el ovario derecho y en la trompa de Falopio derechas (en las mujeres).
4. La llamada enfermedad de Crohn, una condición inflamatoria crónica que puede afectar cualquier área del tracto gastrointestinal (desde la boca hasta el ano), aunque el punto donde la inflamación se manifiesta con mayor frecuencia es el íleo.

Asimismo:

- Es preciso que deje de hacer todo tipo de actividad, y que guarde reposo absoluto (en una cama o en una butaca).
- Es sumamente peligroso tomar cualquier tipo de laxante, ya que el mismo puede provocar la ruptura de las paredes del apéndice, y desencadenar la peritonitis.
- Asimismo, mientras el especialista no llega a un diagnóstico, es importante no tomar ningún medicamento para reducir la fiebre, ya que esto podría desconcertar al médico al considerar cómo se manifiestan los síntomas.
- Es importante no ingerir ningún alimento ni beber ningún tipo de líquido hasta que la condición haya sido debidamente diagnosticada por el médico. En el caso en que sea preciso practicar una apendicectomía de emergencia, la cirugía es siempre más segura si se puede realizar mientras el estómago está vacío. En el caso de que la sed del paciente sea intensa, se le permite que se enjuague la boca con agua, sin tragarla.

3
10 SINTOMAS CLAVES PARA DETECTAR UN ATAQUE DE APENDICITIS

- Más del 95% de los pacientes que presentan un cuadro de apendicitis suelen quejarse de dolores intensos en el epigastrio o en las zonas que rodean al ombligo.
- A medida que transcurren las horas, el área de dolor se va definiendo con más precisión, ya que el dolor se vuelve prácticamente insoportable en la zona del cuadrante inferior derecho del abdomen.
- La hipersensibilidad de todo el área del abdomen es una característica de la apendicitis.
- Ante los dolores, se pierde el apetito, automáticamente.

- Se manifiestan náuseas; se desarrolla mal aliento.
- Los vómitos no son comunes, pero también pueden presentarse.
- No es frecuente que se presenten situaciones de diarreas.
- Existe un promedio general de 1 en 10 pacientes que pueden presentar situaciones de estreñimiento; además, se dificulta la expulsión de los gases.
- La fiebre no se caracteriza por ser alta; se mantiene entre los 38 y 38.5 grados. Pero si se verifica que la fiebre es superior a la señalada, ello está indicando la probabilidad de que se haya producido una perforación en las paredes del apéndice y que el pus haya invadido la cavidad del abdomen. Muchas veces esta situación va acompañada por escalofríos. La situación es de emergencia.
- Los análisis de sangre pueden mostrar un aumento considerable en el conteo de los glóbulos blancos (la llamada leucocitosis).

4
AUNQUE NO EXISTA UNA SITUACION DE APENDICITIS...
¿SE DEBE ELIMINAR EL APENDICE?

Los médicos no recomiendan que ninguna persona se someta a una operación quirúrgica para eliminar el apéndice vermicular, cuando su estado de salud es normal, y no se ha manifestado ningún tipo de complicación que justifique este tipo de intervención, que aunque sencilla, siempre debe ser considerada riesgosa. Por lo tanto, si no existen factores muy definidos que sugieran la conveniencia de operar el apéndice cuando se halla en una situación normal, ello no es recomendable.

Ahora bien, si el paciente se tiene que someter a una cirugía abdominal por cualquier otra razón, y en esa misma intervención quirúrgica el apéndice queda visible para el cirujano (por estar próximo a la zona que provocó la operación), en estos casos sí es recomendable extraer el apéndice vermicular, como una medida profiláctica que se realiza aprovechando la intervención quirúrgica. A este procedimiento se le llama **apendicectomía profiláctica** y se hace con el fin de evitar complicaciones que pudieran presentarse en el futuro, no sólo en el caso de que se desarrolle una situación de apendicitis, sino las molestias que provoca una intervención quirúrgica abdominal y el tener que someterse a la anestesia general.

5
LA PERITONITIS

La peritonitis es la inflamación de las membranas que revisten la cavidad abdominal (el peritoneo) debido a una infección. El peritoneo es una membrana delgada, transparente, que cubre los órganos en la cavidad abdominal, además de que reviste las paredes del abdomen.

A pesar de que el peritoneo es resistente a las infecciones, casi siempre la peritonitis es causada por una infección que afecta a estas membranas, trasmitida por un órgano infectado en el abdomen (con frecuencia el apéndice) a través de una perforación en el estómago, los intestinos, la vesícula biliar, o el apéndice. A menos que la contaminación continúe, la peritonitis no se desarrolla, y el peritoneo sana con el tratamiento.

La peritonitis también se puede desarrollar después de la cirugía debido a diferentes razones. Una lesión a la vesícula biliar, a la uretra, a la vejiga urinaria o a los intestinos, durante una operación, puede provocar que las bacterias pasen a la cavidad abdominal.

6
¿CUALES SON LOS SINTOMAS
DE LA PERITONITIS?

Dependen en parte del tipo y extensión de la infección:

- Usualmente la persona vomita, desarrolla fiebre, y presenta sensibilidad en el abdomen.
- Se pueden formar uno o más abscesos, y la infección puede dejar cicatrices en la forma de bandas de tejidos (llamadas adhesiones) que, con el tiempo, pueden llegar a obstruir el intestino.

A menos que la peritonitis sea tratada rápidamente, las complicaciones se pueden desarrollar rápidamente: los movimientos peristálticos desaparecen, se retiene fluido en el intestino (delgado y grueso), y se produce la acumulación de fluidos en la cavidad peritoneal. Como consecuencia, se puede desarrollar una deshidratación severa y la pérdida de electrolitos del torrente sanguíneo. Seguidamente, se pueden desarrollar complicaciones mayores, como son fallos de los pulmones, riñones, y el hígado.

Tratamiento: la primera medida de emergencia es una cirugía exploratoria, especialmente en el caso de la apendicitis; antibióticos, para controlar la infección; y se puede insertar un tubo —a través de la nariz, hasta el estómago o el intestino— para eliminar los fluidos y los gases. Intravenosamente se reemplazan los electrolitos y los fluidos perdidos.

CAPITULO 7

GASES EN EL
SISTEMA DIGESTIVO...
¿PUEDEN SER CONTROLADOS?

Gases... si se nos escapan en público, nos sentimos avergonzados; si no los expulsamos, ello indica que tenemos un problema en el sistema digestivo. ¿Qué factores causan los gases...? ¿Qué volumen de gases se considera normal en el ser humano...?

Todos tenemos gases en el tracto digestivo, los cuales eliminamos:

- Por medio de los eructos,
- expulsándolos a través del recto.

Sin embargo, muchas personas consideran que sufren de un exceso de gases, cuando en realidad no es así. Es preciso tener en consideración que —como promedio— la persona normal expulsa aproximadamente entre 14 y 23 gases al día, lo cual resulta saludable para el organismo.

Los gases están compuestos básicamente de vapores inodoros: dióxido de carbono, oxígeno, nitrógeno, hidrógeno, y algunas veces metano. El desagradable olor de la flatulencia proviene de las bacterias que normalmente están presentes en el intestino grueso, las cuales liberan pequeñas cantidades de gases que contienen sulfuro.

Aunque expulsar los gases del sistema digestivo es común y normal, muchas veces puede resultar incómodo, y hasta penoso. Entender las causas que provocan los gases, las formas naturales de reducir sus síntomas, y el tratamiento médico que puede seguirse cuando en realidad la persona sufre de un exceso de éstos, ayudará a encontrar alivio a las molestias que pueden ocasionar.

¡DOS FUENTES PRINCIPALES EN
EL ORIGEN DE LOS GASES!

Los gases en el tracto digestivo provienen de dos fuentes principales:

- El aire que es tragado.
- La descomposición normal de ciertos alimentos, sin digerir, realizada por bacterias inofensivas que se hallan presente en el intestino grueso... lo cual es un proceso normal.

El aire tragado (o aerofagia) es una causa común de la presencia de gases en el estómago. Todas las personas tragan pequeñas cantidades de aire al comer o beber. Sin embargo, comer o beber rápidamente, masticar goma (los llamados chicles), fumar, o usar dentaduras postizas que queden sueltas son factores que pueden provocar que algunas personas traguen más aire del que podría considerarse normal.

- El eructo es la vía fundamental a través de la cual la mayor parte del aire tragado —que contiene nitrógeno, oxígeno, y dióxido de carbono— abandona el estómago. (El estómago también libera dióxido de carbono cuando los ácidos estomacales y el bicarbonato se mezclan, pero la mayor parte de este gas es absorbido por torrente sanguíneo y no alcanza a llegar al intestino grueso).
- Los gases remanentes que no llegan a ser expulsados a través del eructo se mueven hacia el intestino delgado, donde son absorbidos parcialmente. Una pequeña cantidad de ese aire también llega al intestino grueso, para ser liberado finalmente a través del recto.

Por otra parte, el cuerpo —como consecuencia de la deficiencia (o inclusive ausencia) de ciertas enzimas— no digiere y absorbe el azúcar, los almidones, y la fibra que se encuentra en muchos alimentos que llegan al intestino delgado durante el proceso de la digestión. Estos alimentos sin digerir pasan del intestino delgado al intestino grueso, donde las bacterias inofensivas y normales de esa área los descomponen, liberando hidrógeno, dióxido de carbono y —aproximadamente en un tercio de todas las personas— gas metano. Todos estos gases son liberados a través del recto.

En términos generales:

- Un 99% de los gases que se encuentran en el aparato digestivo no tienen olor,
- pero el 1% restante es el responsable de los olores fétidos, así como de más de una situación embarazosa y una que otra mirada inculpatoria. Este 1% incluye sulfuros de hidrógeno, amoníaco, y los llamados mercaptanos, que no son más que compuestos sulfurosos.

Las personas que producen gas metano no necesariamente expulsan más gases que las otras; tampoco presentan síntomas únicos, aunque algunas suelen tener deposiciones que flotan en el agua. Las investigaciones científicas realizadas al respecto no han revelado aún por qué algunas personas producen gas metano y otras no.

Asimismo, los estudios demuestran que los alimentos que producen gases en una persona pudieran no provocarlos en otras. Evidentemente, algunas bacterias que se hallan en el intestino grueso pueden destruir el hidrógeno que otras bacterias producen, y este balance entre los dos tipos de bacterias pudiera ser una explicación al por qué algunas personas presentan más gases que otras.

Los estudios en este sentido continúan, y en ellos se basa el diseño de medicamentos que permitan controlar el exceso de gases.

¿Por qué se forman los gases? Por los alimentos y bebidas que se ingieren, así como por determinados hábitos (vea el recuadro en estas mismas páginas):

- Los alimentos y las bebidas que más favorecen la liberación de gases son los almidones: trigo, maíz, avena, papa, coliflor, brócoli, col, cebolla, lentejas y nueces, así como el vino tinto, la cerveza, y los jugos de frutas que contienen fructosa.
- Las habas contienen carbohidratos complejos, y el intestino humano no posee galactosidasas, que son las enzimas necesarias para descomponer este tipo de carbohidratos. Por eso es que llegan al colon sin ser digeridas, donde son fermentados por las bacterias, lo cual produce la incómoda flatulencia.
- Tragar aire (lo cual también se conoce como aerofagia) además de provocar eructos, contribuye a la liberación de gases por la vía anal. Es normal que se trague cierto volumen de aire conjuntamente con los alimentos y los líquidos que se ingieren, pero determinados hábitos favorecen la entrada de aire al aparato digestivo: hablar y masticar al mismo tiempo, mascar goma, consumir alimentos apresuradamente, beber líquidos carbonatados, beber con un absorbente, etc.
- El consumo de fibra, aunque contribuye a que el bolo alimenticio sea compacto y a la regularidad en las deposiciones, también favorece la formación de gases.

SINTOMAS DEL EXCESO DE GASES...

Los síntomas más comunes que son provocados por el exceso de gases son los eructos, la flatulencia, la inflamación, y los dolores abdominales. Sin embargo, es importante mencionar que no todas las personas experimentan estos síntomas. Los factores que probablemente determinan la presencia o no de éstos son los siguientes:

- El volumen de gases que produce el cuerpo.
- Cuántos ácidos grasos absorbe el organismo.
- La sensibilidad particular de cada individuo a los gases presentes en el intestino grueso.

Por otra parte, el eructo, la flatulencia, la inflamación, y los dolores abdominales son síntomas frecuentemente causados por la presencia de algún trastorno en los movimientos intestinales (como puede ser el llamado síndrome del intestino irritable), o por otras enfermedades serias, más que por un verdadero exceso de gases.

ERUCTOS

- Un eructo ocasional durante o después de las comidas es normal; permite liberar los gases cuando el estómago está saturado de alimentos. Sin embargo, las personas que eructan frecuentemente pudieran estar tragando demasiado aire y liberándolo antes de que éste llegue al estómago.
- Algunas veces, los eructos crónicos pudieran ser motivados por un trastorno gastrointestinal más importante, como pudiera ser una úlcera péptica, la llamada enfermedad del reflujo gastroesofágico, o —simplemente— una gastritis. Muchas personas que presentan este tipo de padecimientos, consideran que tragar aire y liberarlo les ayudará a aliviar las incomodidades que sienten; en realidad, lo único que logran es desarrollar un ciclo de eructos y molestias. Frecuentemente, el dolor se mantendrá presente (o llegará a volverse más intenso), haciendo que la persona llegue a creer que sufre de un serio desorden.

Dos raros síndromes de gas crónico pueden ser también asociados con los eructos:

- **El síndrome de Meganblase**, que causa eructos crónicos, se caracteriza por una severa deglución de aire y la presencia de burbujas de aire, de mayor tamaño, en el estómago después de ingerir comidas pesadas (difíciles de digerir). El resultado es una sensación de llenura y falta de aire tan seria que puede hacer pensar a la persona que hasta se le está presentando un ataque cardíaco.
- **El síndrome del gas-inflamación** puede manifestarse después de la cirugía para corregir la enfermedad de reflujo gastroesofágico. Esta cirugía crea una válvula de una sola vía entre el esófago y el estómago, la cual permite que los alimentos y el gas lleguen al estómago, pero frecuentemente previene los eructos normales y la capacidad de vomitar.

FLATULENCIA

- Otra queja común es la expulsión de demasiados gases a través del recto (flatulencia); sin embargo, la mayoría de las personas no son conscientes de que expulsar gases entre 14 y 23 veces en un día es lo normal.
- Aunque raro, la expulsión de demasiados gases por el recto pudiera ser el resultado de una deficiencia severa en el proceso de absorción de los carbohidratos o de la hiperactividad de las bacterias en el colon.

INFLAMACION ABDOMINAL

- Muchas personas creen que el exceso de gases causa la inflamación abdominal. Sin embargo, quienes se quejan de un exceso de gases frecuentemente presentan un volumen normal y una distribución igualmente normal de los gases en el sistema digestivo. Lo que en realidad pudiera ocurrir en estas personas es que se mantienen alertas al volumen de gases que están presentes en su tracto digestivo, y por ello se quejan de que es excesivo.
- Los médicos estiman que la inflamación abdominal es casi siempre el resultado de un trastorno en el movimiento intestinal (como el síndrome del intestino irritable), más que un verdadero exceso de gases. Los trastornos de motilidad intestinal se caracterizan por movimientos y contracciones anormales de los músculos intestinales, una situación que pudiera dar una falsa sensación de inflamación a causa de la mayor sensibilidad a los gases.

Entre otros trastornos digestivos y condiciones que pueden provocar la inflamación abdominal se encuentran los siguientes:

- El síndrome de curva esplénica, un trastorno crónico que parece ser causado por los gases que quedan atrapados en las curvas del bazo. Los síntomas incluyen inflamación, espasmos musculares, y molestias abdominales superiores. Este síndrome a veces se manifiesta a la vez que el síndrome del intestino irritable.
- La enfermedad de Crohn u otras enfermedades que puedan causar obstrucción intestinal. Cualquier enfermedad que provoque la obstrucción intestinal pudiera también causar la inflamación del abdomen. Además, las personas que han sufrido numerosas operaciones, adhesiones (tejidos cicatrizantes), o hernias internas, pudieran experimentar inflamación o dolor en el abdomen.
- Finalmente, el ingerir una gran cantidad de alimentos ricos en grasa puede demorar que el estómago se vacíe, y causar inflamación y molestias... pero no necesariamente un exceso de gases.

DOLORES ABDOMINALES

Algunas personas sufren de dolores abdominales intensos cuando los gases se mantienen presentes en el intestino:

- Si los gases se acumulan en el lado izquierdo del colon, el dolor provocado puede ser fácilmente confundido con una enfermedad cardíaca.
- Si se acumulan en el lado derecho del colon, el dolor pudiera confudirse entonces con el que se manifiesta con los cálculos en la vesícula biliar, o en los casos de apendicitis.

PRUEBAS DE DIAGNOSTICO
PARA ESTAS CONDICIONES...

Como los mismos síntomas que provoca un exceso de gases pueden ser causados por otros trastornos mucho más serios, estas causas potenciales deben quedar completamente descartadas antes de que el especialista recomiende el tratamiento que considere más apropiado. Entre las principales herramientas de diagnóstico que el médico utilizará se hallan las siguientes:

- **Una revisión de los hábitos dietéticos del paciente, y los síntomas que presenta.** Para obtener datos confiables en este aspecto, el médico puede solicitar al pa-ciente que mantenga un diario preciso de los alimentos y bebidas que consume durante un período de tiempo específico. Además, para determinar si una persona produce un exceso de gases en el colon o si es sensible a un volumen normal de gases, el médico puede pedir al paciente contar el número de veces que expulsa gases durante un día, e incluir esta información en su diario. Una revisión cuidadosa de la dieta y del volumen de gases que se expulsa diariamente pudiera ayudar a relacionar alimentos específicos con los síntomas, y determinar la severidad que pueda presentar el trastorno.

- **Una prueba de intolerancia a la lactosa.** Si se sospecha que una deficiencia de lactasa pudiera ser la causa de los gases, el médico puede sugerir evitar los productos lácteos durante un tiempo. Un análisis de sangre o del aliento pudiera ser utilizado para confirmar la presencia de la intolerancia a la lactosa.

- **Una revisión cuidadosa del abdomen.** Si el paciente se queja de que presenta inflamación abdominal, el médico puede examinar el sonido del movimiento del fluido en el abdomen para descartar la ascitis (la acumulación de líquido en el abdomen); también pudiera buscar señales de verdadera inflamación que permitan descartar enfermedades del colon.

- **La colonoscopía.** La posibilidad de que exista una tumoración cancerosa en el colon casi siempre se toma en consideración cuando la persona pasa de los 50 años, así como en aquéllas que presentan una historia familiar de cáncer colorectal, especialmente si nunca han sido sometidas a una colonoscopía; es decir, al examen del colon con la ayuda de un endoscopio. Esta prueba pudiera ser especialmente apropiada en el caso de aquellos pacientes que también presentan otros síntomas, como pueden ser la pérdida inexplicable de peso, las diarreas, o las trazas de sangre en las deposiciones.

- **Los rayos X.** En aquellas personas que padecen de eructos crónicos, el médico puede tratar de encontrar señales o identificar las causas de la excesiva deglución de aire. Si fuera necesario, una serie de rayos X (para examinar el esófago, el estómago, y las partes superiores del intestino delgado) es recomendada para descartar la presencia de cualquier enfermedad en estas áreas que pueda estar motivando este síntoma.

ANTE EL EXCESO DE GASES...
¿CUAL ES EL TRATAMIENTO?

El tratamiento más común para reducir las molestias ocasionadas por los gases comprende tres elementos principales:

1
LOS CAMBIOS EN LA DIETA

- Los médicos pueden sugerir a los pacientes ingerir limitadamente aquellos alimentos que se haya podido comprobar que desencadenan la formación de gases. Sin embargo, para determinadas personas esto pudiera significar cortar el consumo de alimentos saludables (como pueden ser las frutas, los vegetales, los granos enteros, y los productos lácteos), lo cual podría ser peligroso para la salud. Los médicos también pudieran recomendar limitar el consumo de alimentos de alto contenido de grasa, para reducir la inflamación y las molestias abdominales; esto ayudará al estómago a vaciarse con mayor rapidez, permitiendo que los gases se muevan al intestino delgado y sean expulsados.
- Desafortunadamente, el volumen de gases causado por ciertos alimentos varía de una persona a otra, y los cambios efectivos en la dieta deberán ser identificados individualmente —es decir, por cada paciente— a través del método de ensayos y errores. Unicamente así, cada persona podrá precisar qué alimentos realmente le afectan y en qué cantidades puede o no consumirlos.

2
MEDICAMENTOS QUE PUEDEN
AYUDAR A ALIVIAR LOS SINTOMAS

Los medicamentos que ayudan a aliviar los gases pueden ser obtenidos:
(1) sin receta médica, en las farmacias;
(2) o bajo la prescripción facultativa; es decir, recetados por el médico.

En el primer grupo se destacan:

- Los medicamentos antiacidos (como la Mylanta y el Maalox), los cuales contienen simeticona, un agente espumoso que une las burbujas de gas en el estómago para que de esta forma pueda ser expulsado con mayor facilidad. Estos medicamentos, sin embargo, no tienen efecto alguno sobre los gases intestinales. La dosis recomendada es de 2 a 4 cucharadas, tomadas entre 30 minutos y 2 horas después de las comidas.
- Las tabletas de carbón activado, que pueden aliviar los gases en el colon. Los estudios revelan que cuando estas tabletas son tomadas antes y después de una

comida, los gases intestinales se reducen considerablemente. La dosis usual es de 2 a 4 tabletas, tomadas justamente antes de comer y una hora después de las comidas.

- Las enzimas digestivas (como son los suplementos de lactasa) realmente pueden ayudar a muchas personas a digerir los carbohidratos, permitiéndoles incluso ingerir esos alimentos que normalmente les causarían un exceso de gases. La enzima lactasa, la cual ayuda en la digestión de la lactosa, está disponible en forma líquida y de tabletas que se venden sin receta médica. Añadiendo unas pocas gotas de lactasa líquida a la leche (antes de beberla), o masticando una tableta justamente antes de comer, ayuda a digerir los alimentos que contienen lactosa. De igual forma, la leche con lactosa reducida y otros productos lácteos similares están disponibles en muchos mercados.

- El beano. Así se llama uno de los últimos auxiliadores digestivos que se han comercializado, el cual contiene la enzima que el cuerpo necesita para digerir el azúcar que se encuentra en los frijoles y en muchos vegetales. La enzima viene en forma líquida; entre 3 y 10 gotas añadidas por ración, justamente antes de comer, ayudan a descomponer el gas que es producido por los azúcares que contienen estos alimentos. Es importante mencionar que el beano no tiene efecto sobre el gas causado por la lactosa o las fibras.

Los médicos también pueden recetar medicamentos para ayudar a reducir los síntomas de los gases, especialmente en el caso de aquellas personas que presentan un desorden de motilidad intestinal (como el síndrome del intestino irritable). Los medicamentos que estimulen los movimientos intestinales (como la metroclopramida y el cisapride), pudieran mover rápidamente los gases a través del tracto digestivo.

3
RECURSOS PARA REDUCIR EL VOLUMEN
DE AIRE QUE SE TRAGA...

Para aquellas personas que sufren de eructos crónicos, los médicos pueden sugerir algunos recursos que contribuyan a reducir el volumen de aire que tragan. Entre las recomendaciones habituales se encuentran:

- Evitar el consumo de la goma de mascar (chicles) y los caramelos duros.
- Comer lentamente, masticando bien los alimentos.
- Si se usa dentadura postiza, ver al dentista para comprobar si ésta se encuentra debidamente ajustada.

Tenga presente que aunque los gases pueden resultar incómodos (y hasta penosos, en algunos casos) en realidad no constituyen un peligro para la salud. Es más, deben ser expulsados. Si se logra identificar los factores que los provocan y los recursos que pueden ser utilizados para controlarlos, es posible encontrar el alivio que se necesita.

CONVIENE SABERLO...

1
¡HAY ALIMENTOS QUE CAUSAN GASES!

La mayoría de los alimentos que contienen carbohidratos pueden causar gases; en contraste, las grasas y las proteínas provocan pocos gases. Entre los alimentos que activan la producción de gases se destacan:

- **Los frijoles, la col común, las coles de Bruselas, el brócoli, los espárragos, y los granos enteros.** Todos estos alimentos son ricos en rafinosa, uno de los azúcares complejos que provocan gases.
- **La leche, los productos lácteos, y algunos alimentos procesados que también contienen lactosa (el azúcar natural en la leche).** La leche y los productos lácteos son ricos en lactosa, que es otro elemento que produce gases. Las estadísticas muestran que muchas personas tienen niveles bajos de la enzima lactasa, que es la que se necesita para digerir la lactosa; en estas personas, los productos lácteos pueden desencadenar grandes cantidades de gases. Por otra parte, a medida que vamos avanzando en años, nuestros niveles de la enzima lactasa decrecen en forma natural, y —como resultado de ello— con el paso del tiempo las personas pueden experimentar un aumento en el volumen de gases que expulsan después de ingerir alimentos como la leche, el queso, los helados, y otros productos lácteos. Incluso algunos alimentos procesados (como el pan, el cereal, y los aderezos para las ensaladas), que también contienen lactosa, provocan gases.
- **Las cebollas, las alcachofas, y el trigo entero.** Estos alimentos son ricos en fructosa, otro de los azúcares que causan los gases. La fructosa también es utilizada como endulzante en algunos refrescos y bebidas a base de frutas, por lo que estos alimentos igualmente pueden provocar gases.
- **Frutas... como son las manzanas, las peras, los melocotones, y las ciruelas.** Estas frutas son especialmente ricas en sorbitol, otro azúcar que genera gases. El sorbitol es también usado como un endulzante artificial en muchos alimentos dietéticos, caramelos, y gomas de mascar libres de azúcar.
- **Las papas, el maíz, las pastas, y otros almidones.** La mayoría de los almidones producen gases a medida que son descompuestos en el intestino grueso. El arroz es el único almidón que no causa gases.
- **La avena, los guisantes y otros alimentos ricos en fibras solubles.** Muchos alimentos contienen fibras solubles e insolubles: **(1)** Las fibras solubles se disuelven fácilmente en el agua y adquieren una textura suave (similar a la gelatina) en los intestinos. Encontrada en la avena, los frijoles, los guisantes, y la mayoría de las frutas, las fibras solubles no son descompuestas hasta que llegan al intestino grueso, donde su digestión causa gases. **(2)** Las fibras insolubles, por su parte, pasan sin experimentar cambios mayores a través de los intestinos, y

producen pocos gases. El salvado de trigo y algunos vegetales contienen esta fibra.

2
PARA CONTROLAR LOS GASES...
¡TENGA PRESENTE!

- Todos tenemos gases en el tracto digestivo.
- Muchas personas con frecuencia creen que el volumen de gases que expulsan de su cuerpo es excesivo, cuando en realidad es normal: entre 14 y 23 gases todos los días.
- Los gases provienen de dos fuentes principales:
- el aire que es tragado; y
- la descomposición normal de ciertos alimentos por las bacterias inofensivas que se encuentran normalmente en el intestino grueso.
- Muchos alimentos con carbohidratos pueden causar gases. Las grasas y las proteínas, sin embargo, provocan pocos gases.
- Entre los alimentos que pueden causar gases se incluyen: los frijoles; los vegetales (como el brócoli, la col, las coles de Bruselas, las cebollas, las alcachofas, y los espárragos); las frutas (como las peras, las manzanas, y los melocotones); los granos enteros (como el trigo entero y la avena); los refrescos y bebidas a base de frutas; la leche, los productos lácteos, y los alimentos preparados con lactosa (como el pan, los cereales, y los aderezos para las ensaladas); los alimentos que contienen el endulzante sorbitol (como algunos productos de dieta, la goma de mascar, y los caramelos libres de azúcar).
- Los síntomas más comunes de los gases son los eructos, la flatulencia, la inflamación, y los dolores abdominales. Sin embargo, estos síntomas frecuentemente son causados por un desorden en el movimiento intestinal, y no por un exceso de gases.
- Las formas más comunes de reducir las molestias que ocasionan los gases son:
- implementar modificaciones en la dieta;
- tomar medicamentos (recetados por el médico, o de venta libre en las farmacias),
- reducir el volumen de aire que habitualmente se traga.

Las enzimas digestivas (como los suplementos de lactasa, por ejemplo) realmente ayudan a digerir los carbohidratos y pudieran permitir que las personas ingieran alimentos que normalmente les causan gases.

CAPITULO 8

ESTREÑIMIENTO:
CUANDO LAS HECES NO SE
MUEVEN NORMALMENTE,
¿QUE SUCEDE EN EL ORGANISMO?

El estreñimiento es una condición que afecta a millones de personas en todo el mundo. Sin embargo, no todos los que dicen padecer de esta afección la sufren en realidad... por contradictoria que le pueda parecer esta afirmación. La idea de vincular al estreñimiento con los hábitos intestinales y la frecuencia de realizar las deposiciones es un error:

- Por lo general, se habla de estreñimiento cuando existen cambios obvios en los patrones normales de cada persona en relación con las defecaciones.

Es decir, si bien unos realizan sus movimientos intestinales más de una vez al día, otros suelen hacerlo únicamente una o dos veces a la semana. Sin embargo, mientras que no se interrumpan los hábitos naturales ya establecidos por el organismo, no hay razón para considerar una situación de estreñimiento.

Quizás por el misterio o el silencio en que suele envolverse esta condición, muchas personas tienen ideas equivocadas acerca de ella, y los conceptos suelen confundirse fácilmente. En realidad, sobre el estreñimiento deben hacerse dos distinciones fundamentales:

- El estreñimiento funcional, que es el más común y el que está causado por el tipo de dieta que se sigue y los propios hábitos intestinales de la persona.
- El estreñimiento orgánico, que es provocado por alguna obstrucción o por determinados trastornos que se pudieran presentar en el tracto intestinal (entre ellos, el cáncer del intestino, los pólipos, o cualquier tipo de inflamación en el sistema digestivo).

En el caso del estreñimiento funcional, los cambios en los patrones de defecación del individuo, la irregularidad en la necesidad de mover el vientre, o las dificultades para expulsar el bolo intestinal no se deben —en ningún momento— a causas que puedan ser consideradas clínicas.

¿CUALES SON LOS
SINTOMAS DEL ESTREÑIMIENTO?

Más que a la frecuencia con que se va al baño, es necesario prestarle mayor atención a la regularidad del movimiento intestinal y al hecho de si causa molestias o no para determinar que una persona está estreñida. Es decir, para diagnosticar el estreñimiento es preciso basarse en el nivel de molestias que el individuo experimenta al no mover el vientre, aunque también deben tomarse en cuenta los hábitos regulares ya establecidos en este sentido... especialmente si la persona afectada tiene más de 40 años de edad.

El individuo que habitualmente va al baño todos los días, y que de repente comprueba que el hábito se interrumpe por varios días (e inclusive hasta por una semana), es evidente que está estreñido. Otros síntomas del estreñimiento pueden ser:

- La inflamación del vientre.
- La necesidad de hacer esfuerzos al mover el vientre.
- Dolor o sangramiento mientras se expulsan las heces fecales.
- Sensación general de llenura, inclusive después de mover el vientre.
- El desarrollo de hemorroides.

¿Qué puede causar esta condición que muchos califican de "enfermedad" cuando por lo general es el síntoma de una condición subyacente, no identificada...?

No, la edad no siempre puede ser culpada, ya que si se observan las normas de cuidado elementales establecidas, el sistema digestivo del ser humano ha sido diseñado para que funcione en condiciones óptimas durante toda la vida de la persona. Son una amplia gama de factores los que pueden provocar el estreñimiento. Por ejemplo:

- El no consumir el volumen de líquidos que el cuerpo necesita.
- La deficiencia de fibra en la dieta. Consideremos que la fibra proporciona volumen a las heces fecales, permiten que las mismas retengan agua, y facilita que puedan ser expulsadas por el recto.
- El llevar un estilo de vida sedentario; es decir, el nivel de actividad física que la persona realiza no es el adecuado.
- El exceso del mineral hierro en el organismo.
- En algunas personas de más edad, el estreñimiento puede deberse a la debilidad de los músculos del abdomen y de la base de la pelvis, lo cual impide que el intestino ejerza la presión adecuada para mover los productos de desecho y expulsarlos al exterior.
- Las deficiencias renales.

- El dolor de espalda.
- Los estados depresivos.
- El hipotiroidismo (el funcionamiento deficiente de la glándula tiroides) y la hipercalcemia (un nivel anormalmente elevado de calcio en el organismo). Ambas condiciones hacen que las contracciones del colon sean deficientes, lo cual provoca el estreñimiento crónico.
- Muchas veces el no haber sido entrenado debidamente a ir al baño cuando pequeño (una situación que es bastante frecuente) hace que la persona pase por alto los síntomas de mover el vientre. En estos casos, la regularidad no logra ser establecida.
- Las fisuras anales (lesiones en la piel alrededor del ano) hacen que el dolor que la persona siente al pasar las heces inhiban el proceso del movimiento intestinal.

No obstante, también una variedad de trastornos digestivos pueden provocar el estreñimiento: desde una irritación en el colon hasta condiciones más serias, como pueden ser el cáncer del colon, la colitis, la diverticulitis, la isquemia (deficiencia en el volumen de sangre que fluye al colon), y el llamado mal de Crohn (una enfermedad inflamatoria que afecta el sistema digestivo, provocando dolor, fiebre, diarreas, y la pérdida de peso).

También, una enfermedad digestiva (llamada inercia colónica) puede hacer que una persona deje de mover el vientre durante un período de hasta dos semanas (y más) debido a que el colon deja de contraerse en la forma adecuada.

¡EVITE LOS RIESGOS DEL ESTREÑIMIENTO!

Por supuesto, usted puede evitar los riesgos que ocasiona el estreñimiento. Incluso pudiera hasta llegar a mejorar —o curar— esta condición. Para ello es necesario que usted preste atención a ciertos factores en su estilo de vida. A menos que la persona experimente dolores abdominales (lo cual sugiere que el médico sea visto inmediatamente), lo más probable es que usted pueda tratar el estreñimiento observando una serie de recomendaciones fáciles:

INCREMENTE EL CONSUMO DE FIBRAS

Los elementos no digeribles que se encuentran en los productos integrales, en las frutas, y en los vegetales, previenen las situaciones de estreñimiento. Además, la fibra actúa como si fuera una esponja durante los procesos digestivos, absorbiendo el líquido de los intestinos y del colon, lo que permite que las heces fecales sean más firmes. Asimismo, una vez que la fibra llega al colon, éste se activa inmediatamente y comienza a contraerse. Y como el colon representa la última fase de los alimentos ingeridos en el proceso de la digestión, la señal de deseos de ir al baño se produce rápidamente. Pero... ¿cuál es el volumen de fibra adecuado que debe consumir el ser humano?

- Cinco porciones de frutas y de vegetales al día es lo que recomiendan actualmente la mayor parte de los especialistas en Nutrición.
- Suficientes ciruelas (con la piel que las cubre), las cuales ayudan en forma considerable al movimiento intestinal. También, ingiera cereales no procesados, y todo tipo de tubérculos.
- Una o dos cucharadas de salvado de trigo en una de las comidas que hace al día.

Si considera que no puede obtener toda la fibra necesaria en los alimentos que ingiere habitualmente, considere incorporar a su dieta diaria algún producto de venta libre en las farmacias que proporcione fibras. No obstante, úselo cuidadosamente. Si no incorpora estos suplementos de fibra a líquidos, el estreñimiento puede empeorarse. Observe siempre las indicaciones que aparecen en las etiquetas de estos productos.

Por lo general, una dieta balanceada y adecuada es suficiente para erradicar este tipo de padecimiento tan molesto. Recientemente —en un estudio llevado a cabo en el Estado de New Jersey (Estados Unidos)— se pudo comprobar que:

- El aumentar el volumen de fibra vegetal que se consume (entre 4 y 6 gramos diariamente) es una medida suficiente para aliviar el estreñimiento sin tener que recurrir a los medicamentos que actúan como laxantes; éstos no siempre son beneficiosos para el organismo.

¡BEBA LIQUIDOS!

Beba líquidos en abundancia, ya sea agua o jugos de frutas. Lo que se recomienda es beber entre 6 y 10 vasos de líquido al día para prevenir (o controlar) una situación de estreñimiento. Asimismo, beba agua caliente, té o café... ¡Son excelentes estimulantes de los movimientos intestinales!

¡NO SE APRESURE!

Para muchas personas, la necesidad fisiológica de vaciar los intestinos se convierte en un verdadero tormento... y tal vez por ello esperan hasta el último momento. Sin embargo, en lugar de aguardar a que esta necesidad se presente de forma urgente, es importante desarrollar los llamados hábitos de defecación, los cuales pueden facilitar notablemente el movimiento fecal y minimizar cualquier molestia que se pueda presentar durante todo este proceso del cuerpo humano.

El organismo necesita tiempo suficiente para realizar las deposiciones, y ese tiempo varía de acuerdo con las características individuales de cada cual. Por ese motivo, usted debe habituar a su organismo a realizar las deposiciones sin urgencia... asignando el tiempo necesario al proceso, y estableciendo una frecuencia determinada. En otras palabras:

- Es imprescindible conceder el tiempo necesario al organismo para que realice el movimiento fecal; es un proceso que no debe ser interrumpido o acelerado, porque es entonces que comienzan a manifestarse diferentes tipos de problemas.

Si usted sufre de estreñimiento regularmente, trate —con prioridad— la forma de establecer una frecuencia y fijar tiempo determinado para el movimiento fecal, el cual no deberá variar por ningún motivo... ¡y nunca apresurarlo!

CONSIDERE LOS MEDICAMENTOS...

El médico también puede recomendar medicamentos para suavizar las heces fecales, lo mismo que lubricantes para facilitar la expulsión de las heces fecales. No obstante, evite los laxantes artificiales. Muchas personas —como hábito— toman laxantes todas las semanas con el objeto de "mantener la regularidad" de sus movimientos intestinales. Esta práctica es peligrosa ya que puede afectar seriamente al colon. En todo caso:

- Compruebe cuáles son los medicamentos que está tomando. Considere que ciertos medicamentos pueden causar el estreñimiento al evitar que el organismo produzca determinados elementos químicos que son los que activan el movimiento de los productos de desecho a través del sistema digestivo. Entre estos medicamentos se encuentran los que controlan la presión arterial, los antidepresivos, los antihistamínicos, y los calmantes. Si usted está tomando medicamentos de venta libre, deje de tomarlos y consulte la situación inmediatamente con el médico.

¡HAGA MAS EJERCICIOS!

El ejercicio físico sistematizado (o el realizar habitualmente una actividad física intensa) también podría resultar muy beneficioso para combatir el estreñimiento. Los hábitos de vida sedentaria afectan casi la totalidad de los músculos del cuerpo, incluyendo los que toman parte activa en el movimiento de las heces fecales hasta que las mismas son expulsadas al exterior. Esta es una de las razones por la que aquéllos que suelen padecer de estreñimiento son casi siempre individuos que permanecen inactivos por mucho tiempo, principalmente quienes pasan largas horas sentados detrás de un escritorio o frente a un televisor. Pero para remediar estos efectos negativos en el organismo, los especialistas recomiendan una medida muy sencilla:

- Caminar todos los días, durante 20 minutos, para mantener los músculos en condiciones óptimas.

- Asimismo, las actividades aeróbicas (como nadar, correr, o trotar... durante sólo unos minutos al día) son igualmente muy efectivas para mejorar esta condición.

¡CUIDADO CON EL HIERRO!

Compruebe cuáles son los niveles de hierro en su organismo. Aunque el hierro es un mineral importante para el ser humano (especialmente para las mujeres), el exceso puede provocar el estreñimiento. A menos que usted esté siendo tratado por el especialista, lo más probable es que pueda obtener el hierro que su cuerpo requiere de un suplemento multivitamínico y no de un suplemento de hierro en específico.

¡CONSIDERE LOS ENEMAS!

Si las situaciones de estreñimiento se presentan frecuentemente, y llegan a ser severas, considere ponerse un enema (de venta libre en las farmacias). Estos enemas se insertan directamente en el recto y provocan que el colon se contraiga, induciendo rápidamente el movimiento intestinal. Uselos sólo esporádicamente, y siempre consulte antes la situación con su médico.

Y VEA A SU MEDICO, DESDE LUEGO...

Si usted observa una dieta adecuada, no está tomando medicamentos que puedan causar estreñimiento, y aun así considera que sus movimientos intestinales han dejado de ser regulares, la condición debe ser consultada con el especialista. Este puede ordenar una sigmoidoscopía y otras pruebas para examinar el colon y determinar si algún factor puede estar provocando la condición.

¿Qué síntomas deben hacerle considerar la necesidad de orientación profesional?

- Si al realizar las deposiciones hay trazas de sangre en las heces fecales. Por lo general estos sangramientos suelen producirse debido a hemorroides o al daño que sufren los pequeños vasos sanguíneos durante las deposiciones. Sin embargo, también pueden deberse a factores más graves (como es el cáncer del colon o el recto).
- Dolor abdominal.
- Vértigos y mareos.
- Pérdida de peso.

Ante cualquiera de estos síntomas:

- Varíe inmediatamente la dieta alimenticia que ha mantenido hasta el momento, pues en ello puede radicar la causa de esta condición.

- Y al ver al especialista, recuerde siempre que la información que usted le brinde a su médico es fundamental para que éste pueda llegar al diagnóstico más preciso. Especialmente, infórmele acerca de sus hábitos intestinales, el historial médico de la familia, y si ha estado tomando ciertos medicamentos que suelen causar este trastorno. Mencione específicamente todos los medicamentos que pudiera estar tomando: desde los anticonceptivos orales (si es mujer), y los medicamentos antidepresivos, hasta los antiácidos, y los analgésicos.

Para realizar el examen, el médico puede recurrir al tacto rectal para detectar la presencia de algún tumor. Pero, también, puede valerse de un instrumento especial (el llamado sigmoidoscopio, por ejemplo) que permita observar completamente toda el área del recto y las partes altas y baja de los intestinos, sin causar dolor o molestias mayores al paciente. Todas estas pruebas que usualmente se realizan en situaciones de estreñimiento crónico permiten diagnosticar que este padecimiento no es un síntoma de cualquier otra enfermedad más grave.

Ahora bien, si usted padece de estreñimiento, y realiza las variaciones del estilo de vida recomendadas (dieta y actividad física, principalmente, así como incrementar el volumen de alimentos ricos en fibra que ingiere) puede mejorar (y hasta curarse) de los problemas relacionados con el movimiento fecal en sólo unas semanas de tratamiento.

¿COMO ELEGIR EL REMEDIO ADECUADO PARA ALIVIAR EL ESTREÑIMIENTO?

Hay muchas formas de combatir el estreñimiento. Sin embargo, antes de recurrir a un laxante o a un purgante, es importante considerar cuáles son las alternativas para controlar esta condición, y entre todas ellas elegir aquélla que pueda ser más efectiva en su caso en particular.

- Primero que todo, es posible recurrir a las medidas naturales: beber agua en abundancia; ingerir alimentos que sean ricos en fibra; hacer ejercicios físicos; asignar el tiempo necesario para mover el vientre, permitiendo que el organismo active el movimiento intestinal; etc.
- Pero si aun así no logra controlar la condición, puede recurrir a algunos de los muchos laxantes y medicamentos que existen actualmente para combatir el estreñimiento, muchos de los cuales se venden sin necesidad de receta médica.
- Y, por supuesto, es importante ver al médico, con quien podrá analizar cuáles son sus hábitos intestinales, determinar si en verdad padece de estreñimiento, y seguir las medidas que el especialista recomiende.
- Consideremos, por ejemplo, la segunda alternativa: el mercado está actualmente inundado de productos para el estreñimiento y laxantes, algunas veces también llamados purgativos, purgantes, o agentes catárticos. Si usted presenta alguna irregularidad en sus movimientos intestinales, tal vez podría tomar un laxante a base de fibra, un laxante salino, un laxante estimulante... o, simplemente, un suavi-

zador fecal. Sin embargo, con tantas opciones a su disposición, es evidente que la elección de la alternativa más adecuada puede resultar difícil:

- Algunos laxantes o productos para aliviar el estreñimiento no son apropiados para las personas que presentan determinadas condiciones médicas (como, por ejemplo, la diabetes).
- Otros no son recomendables para usarlos por un tiempo prolongado.
- Algunos ingredientes que forman parte de la composición de determinados laxantes pueden incluso llegar a provocar serias consecuencias en el organismo.

Por ello es fundamental considerar las ventajas y desventajas de cada uno de los laxantes y remedios para el estreñimiento más comunes que se venden sin prescripción facultativa. Teniendo en cuenta sus condiciones de salud, y analizando en qué forma cada uno de estos productos puede ayudarle (o representar un riesgo), no hay duda de que podrá decidir cuál será el mejor para usted.

LOS LAXANTES DE FIBRA

Para muchas personas, un laxante de fibra (o formador de masa fecal) es el primer paso para tratar el estreñimiento. Por lo general, este primer grupo de laxantes son seguros y suelen actuar con efectividad en un período de uno a tres días. Usted puede usarlos diariamente, pero necesitará mezclarlos o tomarlos con abundante agua para que actúen de una manera adecuada en su organismo, aun cuando usted elija tomar los que se comercializan en forma de tabletas.

La fibra de estos laxantes —al igual que la fibra de los alimentos— activa el proceso para que el agua sea retenida en la materia fecal; de esta manera se consigue que las deposiciones sean más fáciles de pasar a través del ano. Su adicional efecto de formar masa fecal ayuda a que se manifieste una presión suficiente en el recto que indique la urgencia de defecación.

Aunque es indudable que los alimentos constituyen las mejores fuentes de fibra, este tipo de laxante constituye un medio efectivo de incrementar el consumo de fibra (si comer cereales o frijoles no son alimentos de su preferencia). Sin embargo, los laxantes de fibra también tienen su lado negativo, y éste debe ser tomado en consideración:

- A muchas personas no les gusta la sensación arenosa y el desagradable sabor de casi todos los laxantes de fibra. Para mejorar ese sabor peculiar, algunos endulzantes suelen ser usualmente añadidos al producto. Ahora bien, si usted es diabético (o sufre de cualquier otra condición que lo obliga a regular el consumo de azúcar), tenga en cuenta que algunos de estos endulzantes pueden afectar sus niveles de glucosa en la sangre. Por ello, es fundamental que se asegure de que elige un producto que no contenga azúcar.
- Los laxantes de fibra algunas veces causan inflamación, dolores abdominales, y gases. Con el tiempo, estos síntomas disminuyen hasta llegar a desaparecer, pero si usted comienza tomando una pequeña dosis del laxante y lentamente va incrementando la misma, pudiera no llegar a experimentarlos nunca. Empiece to-

mando la dosis más baja recomendada, y después —si lo necesita— incremente una dosis completa en una o dos semanas. Si los resultados no son los que espera después de dos semanas, vea a su médico.

- Usted pudiera necesitar usar un laxante de fibra todos los días durante una semana completa para poder comprobar cuál es su efecto.
- Considere que algunos laxantes de fibra y formadores de masa fecal son mucho más caros que los alimentos altos en fibra; tampoco ofrecen el beneficio del contenido de proteínas, carbohidratos, vitaminas y minerales que sí puede encontrarse en cualquier alimento completo.

LOS LAXANTES SALINOS

Los laxantes salinos arrastran los fluidos alojados en el intestino. Esto incrementa el volumen y la presión, y estimula las contracciones de las paredes intestinales. La mayoría de los laxantes salinos actúa en un período que oscila entre 30 minutos y 3 horas después de haber sido tomados. Aunque su acción es más rápida, su uso también pudiera implicar una serie de desventajas o riesgos. Por ejemplo:

- Como los laxantes salinos contienen magnesio y fosfatos, si sus riñones no están funcionando normalmente, usted debe evitarlos. Por lo general los riñones eliminan el exceso de magnesio y fosfatos del cuerpo; sin embargo, en una persona que presenta algún tipo de deficiencia renal esta eliminación podría no producirse con la efectividad debida, y los minerales acumularse en la sangre en niveles tóxicos.
- Los laxantes salinos no desempeñan ningún papel para el control a largo plazo el estreñimiento de ninguna persona, independientemente de si ésta tiene problemas renales o no. No deben ser usados por más de 3 días seguidos, o por más·de 4 días en un mismo mes, a menos que el especialista así lo haya recomendado.

LOS LAXANTES ESTIMULANTES

Es aparente que los laxantes estimulantes actúan al irritar el revestimiento de los intestinos, además de que pueden estimular la actividad nerviosa. Su tiempo promedio de acción es de 6 a 10 horas; por ello, lo más recomendable es tomarlos a la hora de acostarse, para que actúen durante la noche.

Los laxantes estimulantes son considerados seguros para el tratamiento ocasional del estreñimiento, pero tampoco deben ser usados por más de 3 días seguidos o por más de 4 días en un mismo mes, a menos que el médico así lo recomiende. Si usted no puede mover el vientre sin recurrir a un laxante estimulante, pudiera sufrir de una condición seria y, por lo tanto, debe ver a su médico a la brevedad posible.

Antes de recurrir a un laxante estimulante, manténgase alerta a las siguientes advertencias:

- La mayoría de los laxantes estimulantes tienen una cubierta especial (conocida como **cubierta entérica**), la cual previene que puedan disolverse en el estómago. No mastique o aplaste la cubierta entérica de las tabletas; de hacerlo destruiría esa cobertura especial y entonces podría sufrir de náuseas severas o vómitos.
- No tome ningún laxante estimulante dentro de la hora siguiente a haber bebido leche o haber tomado algún medicamento antiácido. Tanto la leche como los medicamentos antiácidos pueden disolver la cubierta entérica del producto y provocar síntomas desagradables y severos.
- Considere que algunos laxantes estimulantes contienen entre sus ingredientes el fenolfatelín, el cual puede alterar el color de la orina; esto no debe ser una causa de alarma.
- Los laxantes estimulantes pueden causar dolores abdominales y afectar el balance de los fluidos en el cuerpo.
- El uso continuado de un laxante estimulante puede dar inicio a un ciclo peligroso: el potente medicamento vacía completamente los intestinos; usted no tendrá ningún otro movimiento intestinal en 2 ó 3 días porque realmente no ha quedado nada en su intestino que pueda expulsarse. Si esta señal es confundida, el paciente pudiera creer que aún está estreñido y tomar más laxantes... y de esta forma iniciará un círculo vicioso que puede ser muy nocivo.
- Si los laxantes estimulantes se emplean con mucha frecuencia, el intestino también pudiera llegar a desarrollar dependencia al medicamento.
- Las reacciones alérgicas a los laxantes estimulantes son raras, pero ocurren... y pueden ser serias. ¡Considérelo!
- ¡No use nunca el llamado aceite de castor! Aunque el aceite de castor es un laxante estimulante muy potente, puede causar serios problemas con la absorción de los elementos nutritivos y el balance de los fluidos en el cuerpo.

LOS EMOLIENTES Y LOS LUBRICANTES

Los emolientes suavizan las heces fecales, haciendo que sean más fáciles de expulsar. Estos productos (también llamados suavizadores fecales) son muy seguros, y pueden ser usados indefinidamente (algunas personas los emplean durante meses, e incluso años).

Los suavizadores fecales —que suelen actuar durante un período de 1 a 3 días— no constituyen realmente un tratamiento para el estreñimiento; más bien son un medio para prevenir trastornos de este tipo. Pueden ser empleados —conjuntamente— con un laxante de fibra para obtener un máximo efecto. Si usted ha sufrido recientemente un ataque cardíaco o una cirugía abdominal, y a causa de ello no puede hacer fuerza al pasar las deposiciones, su médico puede prescribirle un suavizador fecal.

Por su parte, los lubricantes, aunque actúan de la misma forma en que lo hace un laxante emoliente (es decir, arrastrando el agua a las heces fecales y suavizando las deposiciones), presentan muchas desventajas para la salud:

- El aceite mineral, su ingrediente básico, puede prevenir la absorción de las vitaminas solubles en grasa, como son las vitaminas A, D, E y K; por lo tanto, si usted usa aceite mineral por mucho tiempo, pudiera desarrollar una deficiencia vitamínica.

- De la misma forma, si el aceite mineral es inhalado (si usted aspira de pronto mientras está tratando de tragarlo) puede causar una neumonitis lipoidea, una condición seria que puede afectar los pulmones.

- La filtración anal es también una complicación común con el uso del aceite mineral; por lo tanto, de todas las opciones disponibles para el estreñimiento, el aceite mineral es una de las menos indicadas para todos los casos.

LOS COLAGOGOS

Los colagogos son recomendados para las personas que presentan cualquier tipo de trastorno hepático o que sufren de obstrucciones en las secreciones biliares, las cuales pueden manifestarse como:

- Dolor debajo de las costillas, en el cuadrante derecho.
- Erupciones.
- Jaquecas.
- Irritaciones frecuentes de la garganta.
- Y, por supuesto, la señal inequívoca de una deficiencia hepática es la lentitud en la digestión de las grasas.

La función de los colagogos vegetales es estimular la secreción de la bilis, y entre los más efectivos se encuentran (naturales o procesados):

- la uva espina (en zumo o en jarabe),
- la gayula,
- la melisa, y
- el sello dorado.

Todos estos productos vegetales son excelentes para tratar las situaciones de estreñimiento provocadas por el mal funcionamiento hepático, pero no deben ser empleados en forma de laxantes por personas cuyas funciones hepáticas sean las adecuadas.

LOS LAXANTES INFANTILES

El laxante más apropiado para los niños es la raíz de regaliz que puede tomarse hervida en agua (como un té) o en cápsulas. Por tratarse de un medicamento natural para niños, las dosis deben ser pequeñas: 1 ó 2 gramos diarios a lo sumo; considere que el efecto debe producirse en el plazo entre 3 y 5 horas.

Teniendo en cuenta que los estados emocionales pueden producir crisis de estreñimiento en los niños (o que una dieta no balanceada debidamente, también puede afectar el funcionamiento de sus intestinos), es recomendable comenzar por tratar esos dos factores antes de comenzar a administrarles laxantes.

CONCLUSION

Aunque muchas personas logran alivio al estreñimiento con los productos especiales que se venden sin prescripción facultativa en las farmacias, si usted comprueba que después de dos semanas tomándolos las dificultades en la regularidad de sus movimientos intestinales se mantienen, consulte con su médico inmediatamente, aun cuando haya recurrido a uno de los laxantes que pueden ser tomados sobre una base diaria. Hablar sobre el estreñimiento pudiera ser penoso para algunas personas, pero es imprescindible.

CONVIENE SABERLO...

1
7 FACTORES PRINCIPALES QUE PUEDEN AFECTAR EL RITMO DEL MOVIMIENTO DEL VIENTRE

- **LA EDAD:** Con los años el organismo tiende a desarrollar una actividad más pausada en sus procesos digestivos.
- **EL NIVEL DE ACTIVIDAD FISICA:** Una persona que deba observar reposo debido a una condición física determinada, tendrá una necesidad menor de defecar. Asimismo, el proceso de defecación de las personas que llevan una vida sedentaria es más lento que el de quienes viven activamente.
- **EL TIPO DE MEDICAMENTO QUE SE ESTE TOMANDO:** Es importante tomar en consideración que determinadas medicinas pueden producir una situación de estreñimiento intermitente, o crónico.
- **EL SUFRIR DE HIPOTIROIDISMO:** Esta condición puede provocar un estreñimiento crónico.
- **EL VOLUMEN DE LIQUIDO QUE SE CONSUME DIARIAMENTE:** Se estima que el promedio ideal de agua que bebamos diariamente debe ser de 10 vasos; de esta manera se facilita la evacuación.
- **EL TIPO DE DIETA QUE OBSERVAMOS:** Si se sigue una dieta rica en fibra, lo más probable es que el ritmo de defecación se convierta en un hábito diario.
- **OBEDECER A LAS SEÑALES DEL ORGANISMO:** Si no podemos responder debidamente a las señales del cuerpo que nos exige la defecación inmediata, entonces el organismo buscará la forma de adaptarse a la situación y pospondrá

automáticamente los estímulos hasta horas más tarde o, inclusive, hasta el día siguiente.

2
¿COMO SE PRODUCE EL MOVIMIENTO INTESTINAL?

El intestino grueso tiene dos funciones básicas:

- Ayudar a mantener el balance de fluidos en el cuerpo: cuando el cuerpo necesita agua, el intestino grueso absorbe más agua de las heces fecales.
- Almacenar el material de desecho hasta que las heces puedan ser expulsadas al exterior.

La actividad física acelera la digestión y estimula la actividad intestinal. Comer también estimula el movimiento intestinal; los alimentos en el estómago envían una señal al intestino grueso que provoca contracciones en las paredes intestinales; esto mueve las heces hacia el recto (la última parte del intestino grueso):

- Esta señal es un reflejo natural que vuelve a preparar al cuerpo y crea espacio para los próximos alimentos que se ingieran. Ese reflejo casi siempre es más fuerte después de tomar el desayuno; por eso, la urgencia para defecar es usualmente más evidente en la mañana.
- Si un volumen adecuado de heces fecales se mueve hacia el recto, una señal será trasmitida inmediatamente al cerebro, haciendo a la persona consciente de que es el momento de ir al baño. Usted puede elegir esperar por un momento más aceptable socialmente para mover el vientre, pero cuando usted presta atención al llamado de la Naturaleza, el pasaje de las deposiciones es ayudado por su decisión consciente de relajar su ano.
- Es decir, que un movimiento intestinal requiere de la acción coordinada de los nervios locales, los músculos abdominales, el intestino grueso, y el cerebro. Cualquier interrupción que surja en este mecanismo puede provocar el estreñimiento. Por ejemplo, si usted ignora con frecuencia los deseos de mover el vientre, puede comenzar a padecer de estreñimiento. ¿Por qué? Su recto se acostumbrará a almacenar las deposiciones por largo tiempo, y los nervios fallarán en enviar normalmente las señales al cerebro.

3
LOS ALIMENTOS Y EL ESTREÑIMIENTO

- **LOS ALIMENTOS QUE DEBEN EVITARSE:** Los quesos, el pan blanco, las harinas finas, las pastas, el arroz blanco, el chocolate, el café, el té, las bebidas carbonatadas, la pastelería.

- **LOS ALIMENTOS MAS EFECTIVOS PARA EVITAR EL ESTREÑI-MIENTO:** Los cereales integrales (trigo, avena, etc.), las harinas integrales, las hortalizas, las verduras, las frutas frescas, las frutas secas y oleaginosas, las legumbres secas (con su piel), la miel, la leche vegetal, la leche fermentada, el yogurt.
- **LOS ALIMENTOS QUE CURAN EL ESTREÑIMIENTO:** El pan integral, la sopa de trigo integral, las acelgas, las espinacas, las habichuelas, las zanahorias (crudas y ralladas), la cebolla, el tomate (cocido o crudo), el pepino, las manzanas, las uvas, los higos frescos, los plátanos, las ciruelas (secas y cocidas), las pasas (cocidas) y la leche vegetal.

4
¿QUE SUCEDE CUANDO SON LAS HEMORROIDES LAS QUE IMPIDEN EVACUAR ADECUADAMENTE...?

Las hemorroides suelen llegar a convertirse en una razón física muy poderosa para ignorar las señales de que debemos mover el vientre. Las hemorroides constituyen un trastorno rectal muy doloroso, al igual que las fisuras que se pudieran presentar en esta zona. No obstante, es preciso hacer algo al respecto, y no pemitir que el estreñimiento se desarrolle y llegue a su etapa crónica; de ser así, las hemorroides y las fisuras pueden agravarse:

- En el caso de las hemorroides, éstas pueden presentar un sangramiento continuo capaz de provocar casos severos de anemia.
- Con respecto a las fisuras, las mismas pueden alargarse, profundizarse, e inclusive infectarse. En estos casos, el cuidado de la alimentación es vital. Conjuntamente, el hábito de beber el volumen de líquido que el organismo realmente necesita puede aliviar y mejorar la situación.

5
EL ESTREÑIMIENTO Y LAS NUEVAS INVESTIGACIONES

Un equipo de investigadores y especialistas de la **Universidad de California** (San Francisco, Estados Unidos) ha realizado un estudio con 1,481 mujeres entre los 20 y los 70 años de edad, para determinar sus hábitos alimenticios, sus patrones de movimiento fecal, y los efectos de los mismos con respecto a su salud en general. Los resultados han sido muy significativos. Según los especialistas:

- Aquéllas que mantienen hábitos intestinales con una frecuencia de dos veces por semana (o menos), son más propensas a desarrollar problemas en el tejido de los senos: desde tumoraciones benignas hasta el cáncer mamario.

"Quizás, ciertas sustancias tóxicas que produce el organismo... y que en condiciones normales son excretadas en las heces fecales... permanecen demasiado tiempo en el colon debido al estreñimiento... se incorporan al torrente sanguíneo y llegan a los senos, incidiendo peligrosamente en el tejido", sugiere el **Doctor Nicholas L. Petrakis**, quien ha dirigido este estudio. No obstante, en torno a los resultados de estas investigaciones aún existen opiniones controvertidas pues —de acuerdo con otros especialistas— "todavía no hay evidencias concretas que puedan demostrar la veracidad de estas conclusiones". "Es prematuro asegurar que una condición como el estreñimiento pueda ser la causa de este tipo de riesgos", explica el **Doctor J. Miskovitz**, aunque considera que "de todas maneras se deben continuar los estudios en esa dirección para comprobar cuáles son los efectos reales del estreñimiento en el organismo humano".

6
EL ESTREÑIMIENTO PUEDE CAUSAR SERIOS TRASTORNOS EMOCIONALES

La retención de los desperdicios intestinales que es característica del estreñimiento puede afectar la salud emocional del paciente. De hecho —según las estadísticas médicas— un porciento considerable de la población mundial sufre a consecuencia de esta condición la cual —en muchos pacientes— llega a convertirse en una verdadera obsesión e, inclusive, en el factor que desencadena severos estados depresivos. Precisamente, debido a esa irregularidad en las defecaciones a causa del estreñimiento, se producen ciertas molestias físicas pero, la principal consecuencia suele evidenciarse en la salud emocional del paciente.

"Por mucho tiempo se ha considerado al estreñimiento como la causa de ciertas enfermedades o padecimientos... como el acné, por ejemplo. Sin embargo, esta condición no afecta en forma significativa la salud física del paciente, pero sí incide en su bienestar mental y en su equilibrio emocional", explica el **Doctor Paul Miskovitz**, Profesor de Medicina del **Centro Médico Cornell del Hospital de Nueva York** (Estados Unidos). "Principalmente, estas molestias que son causadas por el estreñimiento se manifiestan en una forma más aguda en los pacientes a quienes se les ha practicado alguna operación quirúrgica en el bajo vientre o aquéllos que padecen de hemorroides".

7
¿COMO SON MAS EFECTIVOS LOS LAXANTES?

- Ningún laxante actúa inmediatamente por lo que hay que tener paciencia para esperar los resultados.
- Es importante evitar tomar una dosis adicional si la primera no respondió a las dos horas o menos; podría desatarse una crisis de diarreas que irritarían el colon y el recto.

- La mejor hora para tomar un laxante es antes de acostarse, para que los elementos activos del mismo actúen durante las horas de sueño. En esos casos, el resultado se producirá por lo general en las primeras horas de la mañana.
- Es conveniente acompañar el laxante con líquido abundante. Entre los recomendados se encuentra el llamado té de gengibre (que se prepara con gengibre, cardamín, clavo y canela), el cual acelera los efectos del laxante, produciéndose el resultado muchas veces en el término de sólo 4 horas.
- No conviene exagerar las dosis: 1 ó 2 gramos es lo indicado, los cuales pueden tomarse de una sola vez, o divididos en dos o tres dosis pequeñas durante el día.

8
3 FORMAS NATURALES DE
PREVENIR EL ESTREÑIMIENTO

Haga tiempo para ir al baño cuando sienta la necesidad... Recuerde que si usted frecuentemente ignora la señal de que desea mover el vientre y defecar, puede comenzar a padecer de estreñimiento. ¿Por qué? Pues porque está interrumpiendo las señales naturales de su propio cuerpo.

1. Beba abundante cantidad de fluidos... Diariamente, beba 8 vasos de agua... si no es posible, entonces beba 4 vasos grandes de agua al día. Para lograr elevar su consumo diario de agua —hasta 8 vasos al día— pruebe estas estrategias:
- Desarrolle el hábito de tomar cualquier vitamina o medicamento de rutina con un vaso lleno de agua en lugar de con unos pocos sorbos.
- Mantenga siempre a su alcance un vaso lleno de agua y beba pequeños sorbos a través de todo el día.
- Beba un vaso lleno de agua con cada comida.

2. ¡Ingiera fibras en abundancia! Lo más probable es que jamás sufra de estreñimiento si ingiere por lo menos entre 20 y 35 gramos de fibra al día. Ingerir alimentos ricos en fibra ofrece otros beneficios al organismo:
- La fibra contribuirá a que se sienta lleno, lo cual también pudiera ayudarle a controlar su peso.
- El consumo de grandes cantidades de fibra soluble pudieran disminuir los niveles de colesterol en la sangre, y controlar el riesgo a que se manifiesten las peligrosas enfermedades cardiovasculares.

3. ¡Realice algún tipo de actividad física todos los días! Esto puede ser extremadamente difícil para algunas personas que padecen de diabetes u otras enfermedades crónicas, pero tome en consideración que hasta el ejercicio más simple (como caminar y estirarse) puede ayudar a prevenir el estreñimiento.

LA DIABETES Y EL ESTREÑIMIENTO

Las personas que sufren de diabetes son especialmente propensas al estreñimiento por varias razones; entre ellas:

- **La pérdida de fluidos por la orina, un síntoma característico de los diabéticos.** Si usted presenta altos niveles de glucosa en la sangre, no hay duda de que orinará con mayor frecuencia. Para compensar por esta pérdida de fluidos, una cantidad mayor de agua deberá ser absorbida por el intestino grueso; por tanto, sus deposiciones serán más duras y más secas.

- **Daños de los nervios autónomos.** Muchas personas con diabetes también presentan daños nerviosos. Usualmente se mencionan los daños en los nervios sensoriales de los pies, pero la diabetes también puede dañar los nervios autónomos; es decir, los nervios que controlan las funciones de muchos órganos internos, incluyendo el tracto gastrointestinal. Si estos nervios sufren daños, pueden perder su capacidad para coordinar las contracciones musculares en el intestino. La señal habitual del estómago que estimula al intestino grueso a mover los desechos hacia el recto también será perdida.

- **Lentitud en el movimiento de los alimentos y desperdicios.** Los estudios muestran que el movimiento de los alimentos y desperdicios a través del tracto gastrointestinal es mucho más lento en las personas que padecen de diabetes, y ése es otro factor que puede contribuir al estreñimiento.

- **Medicamentos.** Las personas afectadas por la diabetes suelen presentar también otros problemas médicos. Las enfermedades del corazón, los riñones y otros órganos no causan directamente problemas intestinales; sin embargo, los medicamentos empleados para tratarlas sí pueden provocar situaciones de estreñimiento.

CAPITULO 9

OTRAS
CONDICIONES QUE
PUEDEN PRESENTARSE EN
EL TRACTO DIGESTIVO

Como se ha explicado en otros capítulos de este libro, el sistema digestivo está formado por un grupo de órganos que descomponen los alimentos que ingerimos en sus elementos químicos, los cuales pueden de esta forma ser absorbidos por el cuerpo y utilizados para proporcionarnos la energía que necesitamos para vivir, así como para formar y reparar las células y los tejidos. Este sistema se compone de dos partes:

- El llamado tracto digestivo, que consiste de la boca, la faringe, el esófago, el estómago, el intestino delgado (duodeno, yeyuno, e íleon), el intestino grueso (ciego, colon, y recto), y el ano.
- Los órganos asociados (como las glándulas salivales, el hígado, y el páncreas), que segregan los jugos digestivos y descomponen los alimentos a medida que los mismos pasan a través del tracto digestivo.

En este capítulo vamos a tratar doce condiciones diferentes que también afectan al tracto digestivo, a las cuales igualmente se les debe prestar la atención debida.

1
ABSCESO ANAL / FISTULA ANAL

La persona que siente escalofríos, fiebre, y dolor en el área del recto o en el ano, puede haber desarrollado un absceso anal o una fístula:

- El absceso anal es una cavidad que se presenta próxima al ano o al recto, infectada y saturada de pus. Es causado por una infección aguda de una pequeña glándula que está ubicada en el interior del ano, donde las bacterias y la materia fecal penetra los tejidos. Determinadas condiciones (colitis e inflamación del intestino, por ejemplo) pueden propiciar el desarrollo de este tipo de infección.
- La fístula anal casi siempre se debe a la evolución de un absceso; consiste en un pequeño túnel que une la glándula anal (de donde surgió el absceso) a la piel de las nalgas, en el interior del ano. Como resultado, se presenta una secreción constante, lo cual indica la presencia de este túnel. Si la abertura exterior del túnel llega a cerrar falsamente en un momento dado, se puede presentar otro absceso. Es importante mencionar que sólo en un 50% de los casos los abscesos llegan a evolucionar para convertirse en una fístula (no es posible predecir en qué situaciones este proceso se va a desarrollar).

¿CUALES SON LOS SINTOMAS?

Los síntomas de ambas condiciones son los siguientes:

- Dolor; a veces se presenta acompañado por un proceso inflamatorio.
- Irritación en la piel alrededor del ano.
- Secreción de pus, lo cual con frecuencia alivia el dolor.
- Fiebre.
- Un estado de malestar general.

¿CUAL ES EL TRATAMIENTO?

- El absceso es tratado por medio del drenaje del pus de la cavidad infectada. Para ello el médico practica una abertura en la piel próxima al ano, la cual permite aliviar la presión ejercida. Con frecuencia este procedimiento puede ser realizado en el consultorio del especialista, empleando anestesia local (no es necesaria la hospitalización en situaciones de este tipo).
- Si el absceso es grande, o profundo, sí es posible que el paciente deba ser hospitalizado.
- También es necesario que el paciente sea hospitalizado si es vulnerable a desarrollar infecciones (como sucede en el caso de los diabéticos y las personas que presentan cualquier tipo de deficiencia inmunológica).
- Los antibióticos no son empleados como alternativa a practicar el drenaje, y ello se debe a que los antibióticos pasan al torrente sanguíneo y no penetran el fluido acumulado en la cavidad infectada.

2
CANCER DEL ESTOMAGO

A veces se forman tumoraciones cancerosas en las paredes del estómago: el cáncer del estómago, también conocido como cáncer gástrico.

- No se han identificado los factores que pueden provocar la condición, pero muchos investigadores consideran que la dieta y el ambiente activan este tipo de tumoración maligna.
- Los estudios más recientes enfatizan que existe una relación entre la ingestión de alimentos salados y ahumados con el desarrollo del cáncer estomacal.
- También es posible que la condición sea activada por la llamada anemia megaloblástica, una gastrectomía parcial, y tener sangre del tipo A; las estadísticas muestran que la incidencia del cáncer estomacal es más elevada en las personas que se hallan en estos grupos.

El cáncer estomacal raramente se manifiesta en personas de menos de 40 años de edad, y es dos veces más frecuente en los hombres que en las mujeres. En todo caso, es importante mencionar que en la última década —según estadísticas compiladas por la Organización Mundial de la Salud— la incidencia de este tipo de tumoración cancerosa ha disminuido considerablemente, probablemente a la efectividad actual de los métodos de diagnóstico.

¿CUALES SON LOS SINTOMAS?

Muchas veces los síntomas del cáncer del estómago se confunden con los de la úlcera péptica. En las etapas más avanzadas, sin embargo, se manifiestan los siguientes:

- Pérdida del apetito.
- Una sensación de llenura frecuente.
- Náuseas.
- Vómitos.
- Pérdida de peso.

Se diagnostica mediante los rayos X (con enema de bario). El diagnóstico inicial se confirma mediante una gastroscopía y una biopsia (el análisis de una muestra del tejido, tomada por medio del gastróscopo).

¿CUAL ES EL TRATAMIENTO?

El único tratamiento efectivo para el cáncer estomacal es la gastrectomía. No obstante, solamente el 20% de los pacientes pueden ser sometidos a la cirugía; en el 80% restante el tumor ya se ha expandido y es inoperable. En estos casos, el paciente es sometido a la terapia de radiación y a la quimioterapia.

Si el cáncer del estómago es detectado cuando aún se encuentra en sus primeras etapas de desarrollo (antes de que haga metástasis más allá de las paredes del estómago) puede ser controlado por medio de la cirugía; en la mayoría de los casos, la vida del paciente es prolongada por un término hasta de cinco años. En las situaciones más avanzadas, se trata de una condición mortal.

3
EROSION GASTRICA

Se trata de una ulceración leve que se presenta en la mucosa que reviste las paredes del estómago, y muchas veces se manifiesta como consecuencia de la gastritis. Si la lesión se extiende más allá de esta membrana, entonces recibe el nombre de úlcera gástrica.

Aunque puede afectar a personas de todas las edades y de ambos sexos, las estadísticas —a nivel mundial— revelan que es mucho más frecuente en los hombres.

¿CUALES SON LOS SINTOMAS?

Con mucha frecuencia no se presentan síntomas de ningún tipo, aunque las ulceraciones pueden sangrar, provocando vómitos con sangre o heces fecales con trazas de sangre. Esta pérdida de sangre puede ser pequeña, pero constante, lo cual llega a provocar un estado anémico, con los síntomas característicos de esta condición.

En general los síntomas que se manifiestan pueden ser:

- Vómitos acompañados con sangre. La sangre puede ser de una tonalidad rojo brillante, o en forma de coágulos oscuros.
- Trazas de sangre en las heces fecales, las cuales presentarán un color oscuro.

¿QUE CAUSA LA EROSION GASTRICA?

La Medicina aún no ha definido cuáles son los factores que provocan la erosión gástrica, aunque se considera que el consumo de cualquier sustancia que pueda irritar las mucosas estomacales puede, con el tiempo, desarrollar la ulceración que es característica de esta condición. Entre éstas:

- El alcohol.
- La cafeína.
- Las aspirinas y otros medicamentos anti-inflamatorios no esteroides (empleados en el tratamiento de la artritis).
- La cortisona.

Asimismo, la erosión gástrica se acentúa con los estados de estrés; ante cualquier otra enfermedad que pueda afectar al paciente; y con la presencia de la bacteria Helicobacter pylori en el estómago, que es la causante de las úlceras.

EL TRATAMIENTO

La erosión gástrica se diagnostica por medio del examen directo del estómago (la gastroscopía), la cual permitirá que el especialista observe los puntos de sangramiento en la membrana estomacal. Por supuesto, la presencia de sangre (que sugiere la erosión gástrica) puede ser detectada en el análisis de las heces fecales.

Si el paciente presenta una situación de anemia, es importante determinar cuáles son los factores que están causando esta pérdida de glóbulos rojos en el organismo, y tratarlos.

- El médico puede recomendar medicamentos antiácidos. Los llamados bloqueadores H-2 reducen la producción de ácido clorhídrico en el estómago.
- También puede recetar medicamentos especiales para curar las ulceraciones (cimetidina, ranitidina, y famotidina).

Con el tratamiento adecuado, la erosión gástrica es curable en unas dos semanas. No obstante, puede manifestarse nuevamente.

4
ESOFAGITIS

Es la inflamación del esófago (el tubo que une la boca con el estómago), la cual hace que esta vía se estreche y que dificulte el proceso de tragar. Puede presentarse de dos formas diferentes:

- La esofagitis corrosiva, que es causada por la ingestión de sustancias químicas cáusticas (accidentalmente o en un intento de suicidio). En este caso, la severidad de la condición depende del volumen, la concentración, y el tipo de sustancia cáustica que la persona haya tragado.
- La esofagitis causada por el reflujo del contenido del estómago al esófago. Se trata de una condición muy común, provocada por el funcionamiento indebido de los

músculos de la parte inferior del esófago, que permiten que el contenido del estómago sea devuelto al estómago (reflujo gastroesofágico).

¿CUALES SON LOS SINTOMAS?

- Dificultad al tragar... inicialmente los alimentos sólidos, después inclusive los líquidos.
- Salivación excesiva.
- Dolor en la boca y en el pecho después de ingerir alimentos.
- Respiración acelerada.
- Vómitos, con sangre y mucosidades (ocasionalmente).

Estos síntomas son muy similares a los del cáncer del esófago, y por lo tanto el diagnóstico debe ser muy preciso:

- La endoscopía (el paso de un tubo óptico al esófago) permite apreciar la inflamación que se ha producido.
- El examen por medio de los rayos X, después de haber ingerido bario, muestra el reflujo del contenido del estómago.
- Para mayor certeza, con frecuencia el especialista ordena una prueba que consiste en pasar un pequeño tubo hasta la parte inferior del esófago con el propósito de medir el nivel de la acidez durante veinticuatro horas; durante este período, se pasará igualmente una solución ácida diluida al estómago para comprobar cómo se manifiestan los síntomas.
- La biopsia es esencial si el especialista sospecha la formación de una tumoración cancerosa.

¿QUE CAUSA LA ESOFAGITIS?

- La acedía crónica, o una hierna hiatal.
- La ingestión (ya sea accidental o deliberada) de sustancias químicas cáusticas.

¿CUAL ES EL TRATAMIENTO

La esofagitis puede ser curada solamente si el paciente modifica su estilo de vida. Esto significa, reducir el exceso de peso que pueda presentar, eliminar el consumo de bebidas alcohólicas, dejar de fumar, y evitar las comidas muy abundantes y que estén muy condimentadas. Para aliviar los síntomas, el especialista también puede recomendar:

- Medicamentos antiácidos, para controlar el nivel de acidez en el estómago.

- Elevar la cabecera de la cama (con unos ladrillos, por ejemplo) para evitar el reflujo de los alimentos que se encuentran en el estómago hacia el esófago.
- Si la condición es provocada por una hernia hiatal, se puede considerar someter al paciente a una operación quirúrgica.

5
ESTENOSIS DEL PILORO

También conocida como **estenosis pilórica**, se trata de una condición que se presenta cuando el píloro (en la parte inferior del estómago) se obstruye, impidiendo el paso de los alimentos al duodeno (la primera porción del intestino delgado). Se manifiesta en:

- Los bebés, en quienes es causada por el engrosamiento del músculo pilórico, poco después del nacimiento. Las causas son desconocidas hasta el presente, y las estadísticas muestran que se presenta en 1 de cada 4,000 niños.
- En los adultos, el estrechamiento del píloro casi siempre se debe a una úlcera péptica o a un tumor canceroso en el área inferior del estómago.

¿CUALES SON LOS SINTOMAS?

En los bebés:
- Entre la tercera y cuarta semana de nacido, el bebé comienza a vomitar profusamente y con fuerza. A veces el contenido del estómago (después de ser alimentado) es proyectado hasta un metro de distancia .

En este caso, el médico puede palpar el músculo que ha aumentado de espesor en la pared abdominal, pero un examen de rayos X (con bario) es la prueba que puede confirmar el diagnóstico inicial.

En los adultos:
- Se produce el vómito de los alimentos, aún sin digerir, varias horas después de haber sido ingeridos.

Igualmente, el diagnóstico se lleva a cabo mediante los rayos X (con bario), que podrá mostrar el estrechamiento del píloro. También el especialista puede ordenar una gastroscopía, que consiste el examen del estómago por medio de un tubo flexible provisto de un visor.

¿CUAL ES EL TRATAMIENTO?

En ocasiones, el tratamiento de la estenósis del píloro es tratada por medio de medicamentos. No obstante, en la mayoría de los casos el especialista prefiere someter al paciente a una operación quirúrgica que recibe el nombre de piloromiotomía.

- El paciente es sometido a la anestesia general.
- El cirujano practica la incisión correspondiente en el abdomen.
- La obstrucción es corregida por medio de una incisión a lo largo del músculo que ha aumentado de espesor (este procedimiento se lleva a cabo tanto en los niños muy pequeños como en los adultos).

6
FISURA ANAL

Consiste en una pequeña lesión o desgarramiento en los tejidos del ano; la condición puede causar dolor, sangramiento, y escozor. Por lo general es causada por las heces fecales endurecidas, que al pasar al exterior desgarran los tejidos. También puede ser motivada por las diarreas y la inflamación del área ano-rectal.

Se estima que hasta el 50% de las fisuras del ano sanan por sí mismas, o mediante tratamiento (la aplicación de cremas medicadas, suavizadores de las heces fecales, las medidas para evitar el estreñimiento, y los baños de asiento (por un tiempo aproximado de 20 minutos).

Si la fisura anal no responde al tratamiento, no hay duda de que existen otros factores que no permiten que la condición sane: desde un desgarramiento mayor hasta un espasmo del esfínter anal interno. Casi siempre, el dolor y el sangramiento continúan, y la situación debe ser controlada por medio de la cirugía: una pequeña operación para eliminar la fisura y el tejido subyacente (en algunos casos, cortar una porción de uno de los músculos anales permite que la fisura sane; raramente este procedimiento interfiere en el proceso de eliminación de las heces fecales, y solamente requiere una noche de hospitalización). La recuperación, después de la cirugía, puede tomar varias semanas; el dolor desaparece después de varios días.

7
GASTRITIS

La gastritis es la inflamación de las membranas que recubren las paredes del estómago, y puede ser aguda (presentándose como un ataque repentino), o crónica (la cual se desarrolla gradualmente, durante un período de tiempo más o menos prolongado). Por lo general es una condición que se considera parte de una serie de trastornos del sistema digestivo, entre los cuales se encuentra la erosión gástrica y la úlcera gástrica. Afecta a personas de ambos sexos, y puede manifestarse a cualquier edad.

¿CUALES SON LOS SINTOMAS?

Sus síntomas son muy similares a los de la úlcera gástrica, y esto hace que en ocasiones sea difícil para el especialista llegar a un diagnóstico preciso de la situación:

- Dolores y calambres en la parte superior del abdomen, los cuales se hacen más intensos si se ingiere algún alimento.
- Vómitos (ocasionalmente).
- Inflamación del abdomen.
- Pérdida del apetito.
- Un estado de debilidad general.
- Fiebre.
- Dolor agudo en el pecho.
- Sabor ácido en la boca.
- Náuseas y diarreas (sólo ocasionalmente).
- Gases.
- Las heces fecales adquieren una tonalidad oscura debido a la pérdida de sangre del estómago.
- En el caso de la gastritis crónica, la pérdida constante de sangre provoca la anemia, con los síntomas característicos de esta condición.

¿CUALES SON LAS CAUSAS?

En numerosas ocasiones, el médico no puede determinar cuáles son los factores que causan la gastritis. No obstante, la condición se debe a la secreción excesiva de los potentes ácidos estomacales, los cuales provocan la irritación e inflamación de las membranas interiores del estómago.

Esta situación puede deberse a diferentes factores:

- Algún medicamento que la persona esté tomando.
- Comúnmente es causada por el consumo de aspirinas, el alcohol, los cigarrillos, y las bebidas con cafeína.
- También es frecuente que las personas que comen en exceso padezcan de gastritis, especialmente si ingieren alimentos pesados que no llegan a ser debidamente digeridos.
- No obstante, en ocasiones este trastorno puede deberse a una infección causada por la bacteria (Campylobacter).

- Algunos tipos de gastritis son causadas por virus, y en este caso deben ser consideradas contagiosas.
- Igualmente, un estado de estrés intenso puede provocar la secreción excesiva de ácido clorhídrico en el estómago, lo cual provoca la irritación e inflamación que son características de la gastritis. En ocasiones, el exceso de trabajo o la fatiga también puede ocasionar ese estado de ansiedad y tensión que normalmente exacerba los síntomas de la gastritis.

¿COMO SE DIAGNOSTICA LA GASTRITIS?

- Por supuesto, los síntomas pueden sugerir inicialmente la condición, pero ésta es confirmada por medio del examen de las paredes del estómago por medio de un gastroscopio, un tubo óptico que es pasado a través de la boca y el esófago hasta el estómago.
- También el trastorno puede ser confirmado por medio de una biopsia (es decir, el análisis en el laboratorio de una pequeña muestra de tejido, la cual puede ser tomada mientras se realiza la gastroscopía). El examen al microscopio de esta muestra permite al especialista determinar el tipo de inflamación que se ha producido.

¿CUAL ES EL TRATAMIENTO?

- En primer lugar, la persona que sufre de gastritis debe dejar de tomar aspirinas (generalmente empleadas para aliviar el dolor de cualquier otra condición que pueda padecer); en estos casos, el acetaminofén es el calmante más indicado.
- También puede tomar medicamentos antiácidos.
- Los medicamentos que normalmente son empleados para el tratamiento de las úlceras son efectivos para aliviar los síntomas de la gastritis.
- Por supuesto, la dieta a seguir es sumamente importante. Los especialistas recomiendan que no se ingieran alimentos sólidos durante el primer día en que se presenta el ataque. Asimismo es importante beber abundancia de líquidos (preferiblemente agua y leche). Una vez que los síntomas hayan cedido, el paciente puede reanudar su dieta normal, pero es preferible que lo haga de una forma gradual, para ir activando progresivamente los procesos estomacales. En todo caso, debe evitar los alimentos muy calientes o condimentados hasta que los síntomas lleguen a desaparecer por completo.

Por lo general la gastritis puede ser controlada con unos días de tratamiento, siempre que la causa que la provocó sea identificada... y eliminada.

8
GASTROENTERITIS

Se trata de la inflamación del estómago y los intestinos, presentándose en crisis que se caracterizan por ser repentinas y severas. No obstante, la gastroenteritis no se prolonga por más de dos o tres días, y casi siempre el paciente se recupera sin tener que someterse a ningún tipo de tratamiento... aunque sí es importante que restablezca el equilibrio de líquidos y sales en el cuerpo para evitar la deshidratación.

En verdad, el término gastroenteritis es empleado cuando se presenta un trastorno gastrointestinal cuyas causas no pueden ser identificadas.

¿CUALES SON LOS SINTOMAS?

La severidad de los síntomas depende del tipo de micro-organismos o sustancias tóxicas que hayan podido causar la condición, así como del nivel de concentración de los mismos en el cuerpo. Los síntomas más frecuentes son:

- Pérdida del apetito.
- Náuseas.
- Vómitos.
- Diarreas.
- Dolores y calambres en el abdomen.
- Fiebre.
- Debilidad general.
- Dolores de cabeza.

¿QUE CAUSA LA GASTROENTERITIS?

- La causa más común de la gastroenteritis es una infección provocada por virus, bacterias, o cualquier otro micro-organismo que haya podido contaminar el agua o los alimentos que se ingieren.
- La intolerancia a determinados alimentos igualmente puede dar origen a un ataque de gastroenteritis.
- El consumo excesivo de alcohol.
- Los alimentos muy condimentados.
- Determinados medicamentos (en algunas personas, por ejemplo, los antibióticos provocan síntomas muy similares a los de la gastroenteritis, debido a que alteran el equilibrio de bacterias que normalmente habitan en los intestinos).

¿CUAL ES EL TRATAMIENTO?

Muchas veces, las crisis de gastroenteritis son leves, y la persona hasta puede continuar realizando sus actividades habituales... aunque el descanso es recomendable (preferiblemente en la cama), hasta que las náuseas, los vómitos y las diarreas puedan ser debidamente controlados. En los casos de gastroenteritis, los medicamentos no son necesarios, aunque sí es conveniente observar una serie de medidas con respecto a la dieta:

- Beba líquidos en abundancia, los cuales deben incluir sal y azúcar, especialmente si los vómitos y las diarreas han sido severos. Si no tolera el líquido, chupe cubitos de hielo frecuentemente.
- Absténgase de ingerir alimentos sólidos hasta que los síntomas cedan.
- Una vez que las diarreas y los vómitos sean controlados, beba té, sodas a base de limón o lima, caldos, y gelatinas.
- Si se toleran los líquidos durante 12 horas, entonces puede comenzar a ingerir alimentos blandos (cereales cocinados, arroz, papas, yogurt, etc.).
- Si la dieta blanda es tolerada durante dos o tres días, ello indica que gradualmente se puede reanudar la dieta normal.

El médico también puede recomendar medicamentos para controlar las náuseas y las diarreas, pero es importante estar consciente de que los antibióticos no son efectivos para tratar esta condición... como muchas personas creen. Con el tratamiento adecuado, los vómitos y las diarreas casi siempre pueden ser controlados en un término de 2 a 5 días. No obstante, el malestar general, el estado de fatiga y debilidad (e inclusive la depresión) pueden prolongarse hasta por una semana.

9
HERNIA HIATAL

Cuando la persona es afectada por una hernia hiatal, el llamado hiatus (una abertura en el diafragma, para permitir el paso del esófago) se presenta débil o expandido. Debido a ello, los ácidos estomacales fluyen del estómago al esófago, irritándolo. Inclusive, el estómago puede proyectarse en el área inferior del tórax. Es una condición que se presenta a cualquier edad, pero las estadísticas muestran que es más frecuente en los adultos de más de 50 años.

¿CUALES SON LOS SINTOMAS?

En muchas personas, no se manifiestan síntomas. En otros, éstos se presentan aproximadamente una hora después de haber ingerido alimentos:

- Acedía, una sensación de ardentía y dolor en el área del corazón y detrás del esternón. Con frecuencia este síntoma es confundido con el que se manifiesta en un ataque cardíaco.
- Eructos.
- Dificultad al tragar (sólo ocasionalmente).

Se diagnostica por medio de:

- La esofagoscopía (el paso de un tubo óptico a través de la garganta hasta el esófago para determinar la severidad de la esofagitis que se haya podido haber desarrollado).
- Si el especialista sospecha la formación de una tumoración cancerosa, ordena una biopsia para analizar una pequeña muestra del tejido en el laboratorio.
- También se recurre frecuentemente a un examen manométrico (para medir la presión) y confirmar la deficiencia de presión en la unión del esófago con el estómago.
- El examen de rayos X, después de ingerir bario, permite determinar la incompetencia de la unión esofago-gástrica.

¿QUE CAUSA LA HERNIA HIATAL?

La causa subyacente de esta condición no ha sido definida, pero se ha comprobado que la hernia hiatal es más frecuente en las personas obesas (especialmente en las mujeres de más de 50 años) y en aquéllas que fuman. No obstante, en determinados casos se presenta congénita.

¿CUAL ES EL TRATAMIENTO?

- Para aliviar los síntomas, es imprescindible que el paciente modere su alimentación, evitando las comidas voluminosas, condimentadas, y pesadas. Es preferible hacer varias comidas, más ligeras, durante el día.
- Asimismo, nunca deberá acostarse después de haber ingerido alimentos.
- Si la persona es obesa, es fundamental que baje de peso.
- No fumar.
- Evitar las bebidas alcohólicas y aquéllas que contienen cafeína.
- Comer despacio.
- Los medicamentos antiácidos son efectivos para reducir la acidez estomacal y proteger al esófago de la erosión causada por los ácidos estomacales.
- Elevar la cabecera de la cama es una medida efectiva; la ley de la gravedad evita el reflujo de los alimentos desde el estómago hacia el esófago.

Los síntomas de la hernia hiatal pueden ser controlados. Sin embargo, en casos severos, puede ser necesaria una operación quirúrgica para devolver la parte del estómago que se haya proyectado en el tórax a su posición normal y evitar el reflujo del contenido del estómago al esófago (condición conocida como reflujo gastroesofágico).

10
POLIPOS

Los pólipos constituyen la condición más común que se puede manifestar en el colon y en el recto; se estima que se presenta entre el 15% y el 20% de las personas adultas. Son crecimientos anormales que se llegan a desarrollar en las membranas que recubren el intestino grueso (colon) y que se proyectan hacia el canal intestinal.

- Algunos pólipos se desarrollan en forma horizontal, adyacentes a las paredes intestinales.
- Otros se proyectan por medio de una especie de pequeño tallo que los une a las paredes del intestino.

La mayoría de los pólipos son benignos y no presentan síntomas; por lo general son descubiertos durante una endoscopía o rayos X de los intestinos. Algunos, no obstante, pueden provocar sangramiento, descargas de mucosidades; en ocasiones pueden alterar el funcionamiento intestinal y, en casos raros, causar dolores abdominales.

¿Deben ser tratados los pólipos? Como no hay forma de predecir si un pólipo va a evolucionar a convertirse en una tumoración cancerosa, lo aconsejable es la eliminación de todos los pólipos. Esto puede hacerse por medio de un colonoscopio flexible, o la cauterización (si son pequeños). Cuando los pólipos son de mayor tamaño, los mismos deben ser eliminados por procedimientos quirúrgicos.

Una vez que el pólipo es eliminado, en raras ocasiones vuelve a desarrollarse. No obstante, los mismos factores que inicialmente activaron la formación del pólipo están presentes, y en el 30% de las personas, vuelven a formarse. Por este motivo, los pacientes deben someterse regularmente a exámenes del colon y el recto.

11
PRURITO ANAL

Se trata de una condición muy común; su síntoma principal es el escozor que se presenta en el área anal, cuya intensidad es mayor en la noche y después de mover el vientre.

Son varios los factores que pueden causar el prurito anal. Entre ellos:

- Una limpieza excesiva del área anal.
- La humedad en el ano, debida a la sudoración o a heces fecales blandas.

- El consumo de bebidas alcohólicas, así como leche, jugos de frutas cítrigas, y bebidas que contengan cafeína (té, café, y refrescos a base de cola).
- La ingestión de determinados alimentos, como son los chocolates, los tomates, las nueces, y las palomitas de maíz.
- Desde luego, el prurito anal se puede deber a otras condiciones, como son la presencia de parásitos, psoriasis, eczemas, dermatitis, hemorroides, fisuras anales, infecciones anales, y alergias.

Por lo general, la persona que sufre de prurito anal muestra la tendencia a asearse constantemente el área del ano, a veces en forma vigorosa (con jabón e inclusive con un paño para restregarse). Estas medidas hacen la situación más crítica, ya que dañan la piel y eliminan los aceites naturales en el área, los cuales ofrecen cierta protección.

¿CUAL ES EL TRATAMIENTO?

El médico someterá al paciente a un minucioso reconocimiento para identificar la causa del prurito anal. El tratamiento puede consistir en cualquiera de las cuatro estrategias siguientes:

Evite agravar la situación:
- No use jabón para asear el área anal.
- No limpie el área anal con ningún tipo de paño (ni siquiera con papel higiénico).
- Para higienizar el área anal, use papel higiénico o un paño suave, húmedo.
- Nunca restriegue el área anal; límpiela con movimientos muy moderados.

Evite la humedad en el área anal:
- Mantenga el área anal seca en todo momento.
- Evite todos los productos que sean medicados, perfumados, así como los talcos con elementos desodorantes.

Use los medicamentos de la forma indicada por el especialista.
- Estos medicamentos deben ser prescritos por el médico y aplicados en el área anal, sin frotar.

Evite el exceso de líquidos y los alimentos que puedan activar la condición.
- Lo razonable es beber entre 6 y 8 vasos de líquido al día.

En la mayoría de los casos, los síntomas de la condición desaparecen una semana después de haber iniciado el tratamiento. No obstante, es una condición que en muchos casos es recurrente.

12
VOLVULUS

Es la torsión del intestino o —en casos muy raros— del estómago. Se trata de una condición seria que provoca la obstrucción de los pasajes intestinales. El síntoma principal es un cólico severo, y vómitos.

La condición puede presentarse desde el momento del nacimiento o es causada por las llamadas adhesiones (bandas de tejido cicatrizante). Algunos especialistas consideran que el vólvulus puede ser causado por una ingestión excesiva de fibras; se recomienda moderación en este sentido. La condición es tratada por medio de la cirugía.

CONVIENE SABERLO...

1
¿PUEDE SER PREVENIDA
LA EROSION GASTRICA?

Observe las siguientes medidas:

- Ante cualquier síntoma de trastorno en las vías digestivas, evite el consumo de alcohol y de cafeína... ¡una excelente medida preventiva!
- Dentro de lo posible, no tome medicamentos que no sean entéricos; es decir, que no tengan una cubierta protectora.

2
¿PUEDE SER PREVENIDA
LA GASTRITIS?

Hay una serie de medidas que se pueden tomar para evitar irritar las paredes del estómago:

- Comer y beber moderadamente.
- Evitar los alimentos que la persona haya comprobado que le resultan difíciles de digerir.
- Observar una rutina con respecto a las horas en que se hacen las tres comidas principales del día (desayuno, almuerzo, y cena).

- Evitar el consumo excesivo de bebidas alcohólicas.
- No fumar.
- Evitar aquellos medicamentos que puedan irritar el estómago (el médico puede ofrecer la debida orientación en este sentido).

3
¿SE PUEDE PREVENIR LA GASTROENTERITIS?

- Por supuesto, es esencial observar las máximas condiciones de higiene en la preparación de los alimentos.
- Evite todos los alimentos que haya comprobado que le resultan difíciles de digerir.
- Si está en contacto con una persona enferma, lávese las manos con la mayor frecuencia posible.
- En estos momentos los científicos están tratando de desarrollar una vacuna que sea efectiva contra determinados tipos de virus que son los que con mayor frecuencia causan las crisis de gastroenteritis.

CAPITULO 10

TRASTORNOS DIGESTIVOS EN EL NIÑO: ¡SEPA COMO ACTUAR!

Los trastornos digestivos son frecuentes en los niños, desde que nacen hasta que cumplen los 6 años de edad (de acuerdo con las estadísticas internacionales). Muchas veces los padres se preocupan excesivamente por ellos, e inmediatamente se sienten culpables de cualquier situación de este tipo porque tal vez piensen que no le proporcionan al pequeño la alimentación adecuada. Sin embargo, en la inmensa mayoría de los casos, las causas de los trastornos digestivos infantiles son otras... ¡y sólo pueden ser controladas debidamente por el pediatra!

A continuación presentamos una selección de los trastornos digestivos que pueden manifestarse con mayor frecuencia en el niño.

SI LA SALUD DEL NIÑO ES EXCELENTE, ¿POR QUE PADECE DE DIARREA CRONICA?

Una vez que el niño pasa del año (y con frecuencia hasta que cumple sus tres años y medio, aproximadamente) puede sufrir de una condición que no es tan angustiosa para él como para los padres, ya que éstos por lo general no saben qué hacer para controlarla: la diarrea crónica, una situación que confunde —a los padres y al Pediatra por igual— porque no se puede precisar a qué causa atribuir esta condición, ya que el niño —aparentemente— disfruta de una salud excelente.

Ante una condición de este tipo, el Pediatra lo examina, y comprueba que su estado físico es normal... sin embargo, el niño presenta diarreas frecuentes (más de cinco o seis veces al día), y si las heces fecales son analizadas, a simple vista es fácil apreciar que incluyen residuos de vegetales que no han sido debidamente digeridos, o mucosidades, especialmente en las deposiciones de la mañana. Por supuesto, se trata de una situación que preocupa, especialmente cuando se comprueba que las diarreas no pueden ser contenidas, y que de tanto mover el vientre, el niño va desarrollando una irritación en el área anal que lo hace sentirse terriblemente incómodo e intranquilo.

Hasta el presente no se han podido determinar las causas de la llamada diarrea crónica infantil, pero todos los estudios que se han realizado al respecto sugieren que se trata de una condición que se presenta en familias en las que hay casos de personas que padecen habitualmente de problemas intestinales. En realidad los padres pueden hacer muy poco ante una situación de esta naturaleza, y lo más que el Pediatra puede recomendar es algún suplemento mineral y vitamínico para el pequeño, así como que beba entre 6 y 8 vasos de agua diariamente, para evitar la deshidratación que se puede presentar debido a las diarreas constantes (pérdida de líquido en las heces fecales).

Curiosamente, a pesar de que se trata de un trastorno digestivo que preocupa a los adultos, los niños que sufren de esta condición raras veces muestran señales de desnutrición. Asimismo, el movimiento del vientre se llega a normalizar por sí mismo, dos o tres años después de aparecer esta situación.

¿QUE PUEDEN HACER LOS PADRES?

Observe las siguientes recomendaciones:

- En primer lugar, no le de al niño ningún tipo de medicamento antidiarréico de venta libre en las farmacias, ya que los efectos secundarios que generalmente provocan los mismos pueden afectar su salud. Lo más probable es que el Pediatra del niño no recomiende ningún tipo de medicamento para tratar este desajuste del sistema digestivo.
- Trate al niño en una forma normal, sin que éste se dé cuenta que usted está preocupado y que le está prestando una atención especial al problema.
- Evite las situaciones de tensión que pueden crear las diarreas constantes, ya que las mismas significan cambiar frecuentemente de ropa al niño y limpiar el área que ha ensuciado (los deseos de mover el vientre se presentan repentinamente, y no siempre hay tiempo para llevar al niño al baño). Acepte esta realidad.
- Si el pequeño muestra estados de ansiedad que son debidos a las diarreas frecuentes, trate de comprenderlo y de restarle importancia a la situación. De lo contrario, es muy posible que el niño llegue a desarrollar conflictos sicológicos, los cuales pueden complicar la situación.
- Tampoco es preciso que el pequeño observe una dieta especial.

No obstante, vea al médico a la brevedad posible si una vez diagnosticada la situación de diarrea crónica en el niño, usted:

- Detecta sangre (o vestigios de sangre) en sus heces fecales.

- Comprueba que la temperatura rectal del pequeño es de 38.9 grados C (o más elevada).
- Observa que el niño rechaza los alimentos, y que llora inclusive cuando es cargado por un adulto.
- Detecta que el niño muestra un estado de inquietud que antes no había observado en él.
- Considera que el desarrollo y crecimiento del niño no es el que pudiera considerarse normal.

ENCOPRESIS: CUANDO EL NIÑO YA ENTRENADO PARA MOVER EL VIENTRE, VUELVE ATRAS EN SUS RUTINAS

Cuando el pequeño aprende a controlar los movimientos de su vientre (lo cual generalmente se logra a los dos años y medio de edad), los padres sienten cierto alivio, porque estiman que el pequeño ha superado una etapa difícil de su desarrollo físico y emocional que, indudablemente, también provocaba un exceso de tensión, trabajo, y vigilancia para ellos. Sin embargo, de momento el niño puede volver atrás en sus rutinas digestivas establecidas, y de momento presenta un descontrol con respecto a la eliminación de sus heces fecales... a pesar de que no sufre de diarreas ni presenta síntomas de estreñimiento. De nuevo, los padres se ven embargados en un desconcierto total... Sin embargo, se trata de una condición clínica que se conoce médicamente con el nombre de encopresis, la cual se presenta en los niños —con más frecuencia de lo que imaginamos— a partir de los 2 años de edad.

Las causas que provocan esta condición pueden ser varias, pero las que los Pediatras detectan con más frecuencia son las siguientes:

- El niño presenta conflictos emocionales, quizás debido a que se halla en sus primeras etapas de adaptación social, e inclusive si las relaciones con la madre no son del todo positivas, o si comienza a manifestarse la rivalidad infantil debido a la llegada de un nuevo hermanito. El descontrol inesperado del vientre —aparentemente— es su forma de manifestar un estado de inconformidad y rebeldía.
- En ocasiones, se ha insistido tanto con el niño para que aprenda a controlar los movimientos de su vientre, que no puede seguir tolerando tanta presión por parte de los adultos.
- Igualmente, cuando el pequeño está sometido a situaciones que provocan en él el llamado estrés infantil, es frecuente que se manifieste una regresión a etapas de su desarrollo emocional que aparentemente ya habían sido superadas.
- También puede ser provocada por una atención excesiva que pudo haber recibido el pequeño en un momento dado (quizás debido a una enfermedad) y que de repente cesa, una vez que su restablecimiento es completo. El descontrol de su vientre es una forma de reclamar la atención de los adultos.

Es evidente que la encopresis es una condición que, básicamente, es provocada por factores sicológicos. Por lo mismo, puede ser evitada... aunque todos los padres deben estar conscientes de que la posibilidad de que la encopresis se manifieste en el pequeño siempre existe, y que por ello deben tomar medidas para prevenirla:

- No le ofrezca al niño un exceso de protección, ni siquiera cuando esté enfermo. El pequeño debe estar consciente de que es un miembro más del grupo familiar, no el más importante... ¡ni el único!
- Enseñar al niño a ejercer control sobre el movimiento del vientre es una tarea lenta y difícil. No obstante, es importante enfatizar que no se puede ejercer presión excesiva en el pequeño para enseñarlo en este sentido. Se trata de una situación por la que todos los seres humanos pasan, y es preciso que los padres sean muy objetivos en este sentido y —sobre todo— no se puede avergonzar o culpar al niño por los "accidentes" que se puedan producir.
- Analice si existe la posibilidad de que el niño esté sometido a situaciones que provoquen tensión o ansiedad en él (peleas entre los adultos en el seno del hogar, el cambio de domicilio, la pérdida de una mascota, etc.). Si es así, trate de neutralizar esos elementos.

No obstante, aun tomando estas medidas de precaución es probable que el niño desarrolle la encopresis, y a veces, aunque recupere el control de su vientre, el pequeño prefiere no volver a la rutina establecida ya anteriormente... desarrollando un hábito al respecto que puede ser sumamente mortificante para los padres.

¿QUE PUEDEN HACER LOS PADRES ANTE LA ENCOPRESIS?

- Permita que el pequeño sea quien determine cuándo quiere ir al baño. No le recuerde que "ha llegado la hora" ni lo siente en el inodoro en contra de su voluntad. Esto sólo lograría desarrollar una actitud negativa en el pequeño.
- Cada vez que el niño mueva su vientre en el inodoro, muestre su complacencia y ofrézcale una recompensa emocional: una caricia, un beso... nunca nada material. Si es posible, otros miembros adultos de la familia deben hacer lo mismo. Es la manera de enfatizar en el pequeño un reflejo positivo.
- Acepte los "accidentes". Si el niño ha cumplido ya más de 5 años (la edad en que normalmente comienza a vestirse por sí mismo), sugiérale que él mismo se asee y cambie de ropa (bajo su supervisión, desde luego). En los niños más pequeños, esta medida no puede ser implementada, obviamente.
- No, nunca vuelva a ponerle pañales al niño, si ya había superado esta etapa.
- No permita que si el niño tiene un "accidente", sus hermanitos o amigos lo molesten con bromas de mal gusto.
- Si el niño está ya asistiendo a la escuela, es importante que los padres hablen con los maestros y les informen de la situación que confronta el pequeño. De esta manera, podrán ser más flexibles con el niño cada vez que éste desee ir al baño.

De la misma manera, recuérdele al pequeño que no debe reprimir los deseos de mover el vientre... ni siquiera si está en la clase. Ante una situación de este tipo, recomiéndele que se levante de su pupitre y se excuse con el maestro para poder ir al baño.

Por lo general, esta situación se resuelve por sí misma con un poco de paciencia por parte de los padres... a menos que existan otros factores físicos subyacentes, los cuales entonces deben ser considerados y tratados por el Pediatra.

GASTROENTERITIS... CUANDO EL NIÑO PRESENTA UNA INFECCION EN EL TRACTO DIGESTIVO

La gastroenteritis (infección e irritación del tracto digestivo) se puede presentar a cualquier edad, pero es más frecuente en los niños... desde que nacen hasta que cumplen 5 años de edad. La infección puede ser provocada por virus, bacterias, o parásitos intestinales; afecta el estómago, el intestino grueso y el intestino delgado del pequeño; y los síntomas son fáciles de identificar:

- Vómitos.
- Diarreas.
- Pérdida del apetito (el niño se niega a comer).
- Fiebre.
- Irritabilidad.

A pesar de la preocupación que siempre despierta en los padres, la gastroenteritis es una enfermedad que puede ser controlada fácilmente, siempre que se observen las debidas medidas de higiene. Por ejemplo, es recomendable que el adulto se lave las manos con agua tibia y jabón varias veces durante el día, especialmente antes de comer o tocar al niño (para cambiarle la ropa, bañarlo, darle su comida, etc.). Asimismo, las manos del pequeño deben ser lavadas frecuentemente, para evitar que pase los micro-organismos que han provocado la infección de las manos a la boca. No obstante, lo más importante es mantener al niño bajo observación constante para detectar cualquier síntoma de deshidratación, provocada por las diarreas frecuentes. Estos síntomas, si el pequeño presenta diarreas diez o más veces durante el día, son:

- Aletargamiento.
- Resequedad en la boca.
- Ojeras.
- Piel arrugada.
- El bebé orina poco (o nada).

¿QUE PUEDEN HACER LOS PADRES PARA CONTROLAR LA GASTROENTERITIS?

- Es importante que el niño limite sus actividades hasta que las diarreas y los vómitos se hallen bajo control.
- No le de al pequeño ningún medicamento para contener las diarreas sin antes haber consultado la situación con su Pediatra; hacerlo podría ser una medida contraproducente.
- Darle a beber líquidos al pequeño es fundamental, pero es el médico quien debe hacer las recomendaciones al respecto. No obstante, tome en cuenta las siguientes medidas: **(1)** Si el pequeño toma el biberón, prepare una combinación de 500 cc de agua, con 1/4 cucharadita de sal, y 1 cucharadita de azúcar. Désela a beber (cada 20 minutos, aproximadamente). **(2)** Si el pequeño tiene más edad, puede ofrecerle jugos (manzana, uvas), té, sodas de limón o lima, gelatina, y caldo (cada 30 minutos). **(3)** No le ofrezca al pequeño leche o alimentos sólidos hasta que el médico así lo indique.
- Una vez que las diarreas hayan cesado (durante todo un día), entonces puede ofrecerle plátanos, zanahorias cocidas, huevos, carne molida, melón, pasta, papas, arroz, galletitas, compota de manzana, pan. Si las diarreas no se han vuelto a presentar dos horas después de haber restablecido una dieta sólida en el pequeño, continúe alimentándolo de la misma manera, por lo menos durante veinticuatro horas.

Es importante que esté consciente de que si el niño no se mejora dentro de las primeras 48 horas, debe llevarlo al especialista a la brevedad posible. Asimismo, aplíquele el termómetro rectal al niño dos veces al día (no más) para tomarle la temperatura (anótela para poder informarle debidamente al médico de las variaciones durante el día). Cuando la temperatura sea de 39.4 (o más), hable con el Pediatra.

ESTREÑIMIENTO... A VECES EL NIÑO NO PUEDE MOVER EL VIENTRE CON LA REGULARIDAD NECESARIA

A pesar de que algunas personas pudieran pensar lo contrario, en verdad no son frecuentes los casos de estreñimiento en los niños. No obstante, en algún momento el pequeño puede presentar una dificultad o molestia para mover el vientre, y ello significa que su colon está afectado. Los síntomas de esta situación son inequívocos:

- Dificultad para mover el vientre, muchas veces acompañada de una inflamación ligera.
- Las heces fecales son duras.
- Dolor (y hasta posible sangramiento) al expulsar las heces fecales.
- Una sensación de llenura, a pesar de que las heces fecales han sido expulsadas.

Hay diferentes causas para el estreñimiento infantil, pero generalmente es provocado porque el niño no bebe el volumen suficiente de líquidos o porque lleva una vida sedentaria (no característica para la edad, a menos que el pequeño haya estado enfermo y requerido guardar cama por un tiempo determinado). Asimismo, si la dieta del niño no es balanceada (es decir, si no es rica en fibras, por ejemplo), no es extraño que se presente el estreñimiento.

¿QUE PUEDEN HACER LOS PADRES ANTE EL ESTREÑIMIENTO DEL NIÑO?

El estreñimiento infantil se puede prevenir, desde luego, y las recomendaciones en este sentido son:

- El niño debe beber un mínimo de 8 vasos de agua al día.
- La dieta debe ser rica en fibras (absorben el líquido, suavizan las heces fecales, y hacen que éstas pasen más fácilmente). Evite los dulces y el azúcar.
- El pequeño debe seguir un programa básico de actividad física; si se muestra taciturno y reservado, y prefiere no jugar físicamente con sus compañeros y amigos, entonces es preciso identificar las causas que puedan estar provocando esta actitud en el niño.
- No debe ofrecer ningún laxante al niño, a menos que sea recomendado por el médico. Este —en todo caso— recetará laxantes suaves, especiales para niños.
- El uso de enemas también debe ser aprobado por el médico, ya que pueden desarrollar dependencia en el niño.
- Asimismo, el niño debe acostumbrarse a mover el vientre con regularidad. Este es un hábito que se desarrolla, y a veces es preciso que el pequeño permanezca sentado en el inodoro durante unos diez minutos, para que el sistema digestivo se active debidamente. El mejor momento para mover el vientre es una hora después del desayuno.

En pocas ocasiones el estreñimiento infantil se manifiesta acompañado de fiebre y dolores abdominales severos, y casi siempre cede si se observa una dieta adecuada, si se bebe el volumen adecuado de líquidos, y si se mantiene el ritmo de actividad física normal para un niño. No obstante, si la situación persiste, vea al pediatra inmediatamente.

¿QUE HACER CUANDO EL NIÑO TIENE DOLOR DE ESTOMAGO?

Los cólicos en los bebés son los primeros de esos dolores de estómago que parecen acompañar a los niños desde que el momento en que nacen hasta la adolescencia.

Los padres a menudo no logran determinar por qué lloran sus hijos, ni qué es lo que realmente les ocurre; desde luego, en muchos casos la angustia los invade y no saben qué hacer para aliviar el malestar del pequeño. Es normal que así sea, porque son tantas las causas ocultas que pueden provocar un dolor de estómago, que hasta el pediatra con más experiencia algunas veces no puede llegar a un diagnóstico preciso y —en muchas ocasiones— inclusive puede confundir fácilmente la condición que presenta el niño.

Son muchísimos los factores que pueden provocar que se manifieste el dolor de estómago en los niños, tantos que cuando a los pediatras les resulta difícil identificar los síntomas que presenta el pequeño, recurren a los padres para que sean éstos quienes les expliquen cómo se manifestó el malestar en el niño y qué síntomas pudieran haber observado en las fases iniciales de la condición.

Por ello es que la información que se ofrece a continuación es tan importante para usted (como padre o madre), porque de usted depende —en gran parte— el diagnóstico al que el pediatra pudiera llegar y, desde luego, el tratamiento que recomiende. Consúltela cada vez que el niño se queje del clásico "dolor de barriga", haga las anotaciones pertinentes, e informe objetivamente al especialista.

Las causas de los dolores de estómago más frecuentes en los niños son las siguientes:

COLICOS

Se estima que el 20% de los bebés de menos de cuatro meses, que están saludables, padecen de cólicos después de experimentar las largas crisis de llanto, que son las que en muchas ocasiones causan el dolor de estómago y los gases.

Hasta el presente, los especialistas no han logrado definir con precisión si los cólicos son producidos por la sensibilidad del sistema nervioso del bebé, por trastornos para establecer horarios de sueño y de alimentación regulares, o por los llamados problemas de temperamento.

Síntomas:
- Un llanto inconsolable; muchas veces, llanto acompañado de gritos.
- Llanto durante más de tres horas, casi todos los días.
- Si usted observa que el niño presenta rigidez en los brazos y las piernas, el vientre contraído, y la espalda arqueada, casi siempre estas manifestaciones son síntomas de dolor de estómago y gases causados por el llanto prolongado.

¿Cuál es el tratamiento indicado?
- Por lo general, no es necesario someter al bebé a ningún tipo de tratamiento.
- Algunas veces los médicos recomiendan gotas de algún medicamento para aliviar los gases (pueden ser adquiridos sin la necesidad de una receta médica). Si no conoce alguno, pregúntele a su médico o al farmacéutico.
- Un estudio reciente sobre los cólicos infantiles indica que el cocimiento de manzanilla o de hinojo es efectivo para controlar los cólicos en el bebé.
- También es recomendable acostar al bebé bocabajo y pasarle la mano por la espalda, ejerciendo una ligera presión sobre el vientre. Igualmente, distraer al bebé puede ser una medida mágica para aliviar la intensidad de un cólico (pasearlo en su coche, por ejemplo).

LA ALERGIA A LA LECHE

La leche es el alimento que más alergia causa en los bebés, y éste es un factor que debe ser tomado en consideración cuando el bebé llora desconsoladamente y se estima que está experimentando un dolor de estómago. Se estima que hasta un 7% de los bebés son alérgicos a la proteína de la leche de vaca, que también se encuentra en la leche materna y en algunas fórmulas que se venden ya preparadas. Este tipo de alergia, que muchas veces es herencia de familia, generalmente desaparece cuando el niño se halla en la edad entre 1 y 3 años. Es importante mencionar que esta condición no tiene nada que ver con la intolerancia a la lactosa (cuando no se digiere el azúcar de la leche), que padecen niños de más edad, así como muchos adultos.

Síntomas:
- Síntomas de cólicos que se presentan dentro de las dos horas después de que el niño ha tomado el alimento (ya sea leche materna o cualquier otra).
- Vómitos.
- Urticaria o eczemas.
- Erupción rojiza (en forma circular) en el área de las nalgas.
- Estornudos y sonidos similares a los silbidos.

¿Cuál es el tratamiento?
- En primer lugar, cambie de una fórmula a base de leche de vaca para otra a base de leche tratada.
- Si el niño está recibiendo el pecho de la madre, suprima todos los productos lácteos de su alimentación.

REFLUJO GASTROESOFAGICO

Entre el 20% y el 40% de los bebés escupen después de haber ingerido sus alimentos. Se trata casi siempre de una reacción normal que se debe a que una pequeña parte del alimento que llega al estómago, vuelve al esófago como un reflujo. Sin embargo, en algunos niños el volumen del reflujo no es normal y puede producirles ardentía y dolor. Este trastorno se conoce como reflujo gastroesofágico patológico. El niño que padece de esta condición, necesita atención médica.

Síntomas:
- El bebé escupe frecuentemente después del alimento, algunas veces por la nariz y con trazas de sangre.
- Intranquilidad después de haber tomado sus alimentos.
- Ataques de llanto; se muestra inconsolable.

- Períodos de dolores en el abdomen (de día y de noche) que obligan al niño a encogerse y a flexionar la espalda.
- Sonidos similares a un silbido.

¿Cuál es el tratamiento?

- Los médicos generalmente recomiendan medicamentos que alivian la acidez en el estómago, aceleran el paso de los alimentos por el estómago, y cierran la válvula entre el esófago y el estómago.
- También el médico puede recomendar que después de que el bebé tome el alimento, se le acueste bocabajo y con la cabeza levantada. Para levantarle la cabeza al bebé, sencillamente eleve un extremo de la cuna o del colchón; no utilice almohadas con este propósito, porque pueden constituir un factor de peligro para que en el bebé se presente el llamado síndrome infantil de la muerte repentina (el bebé muere sin que hasta ahora se identifique una causa aparente).
- Otra medida efectiva para controlar los síntomas de esta condición es darle menos alimento al bebé, aunque más a menudo, para evitar que el estómago se llene demasiado.

ESTENOSIS PILORICA
(Estrechez en el píloro)

Según las estadísticas de la **Organización Mundial de la Salud**, 1 de cada 500 niños padece esta condición que es producida por la estrechez del píloro debida a la compresión de los músculos que lo rodean.

El píloro está situado en la salida del extremo inferior del estómago, y cuando está comprimido, éste trata de pasar la leche por el estrecho conducto que queda. Como no lo logra, pasa nuevamente al esófago y de allí es expulsada por la boca del niño. Se trata de una afección seria; las estadísticas muestran que es 4 ó 5 veces más frecuente en los varones que en las niñas.

Síntomas:

- Vómitos persistentes, violentos, que suelen presentarse en el niño más o menos una semana después de nacido.
- Pérdida de peso, o ningún aumento de peso.
- Piel arrugada, sequedad en la boca, y un volumen anormalmente pequeño de orina.
- Inflamación en el estómago después de ingerir el alimento. Esta inflamación cede una vez que el niño vomita.

¿Cuál es el tratamiento?
- Lleve al pequeño al pediatra, inmediatamente. Después de hidratarlo por medio de fluidos intravenosos, es posible que el bebé necesite una intervención quirúrgica para solucionar el trastorno.

INFECCION INTESTINAL

Todos los años, las estadísticas revelan que millones de niños menores de 5 años padecen de diarreas que son causadas por infecciones en el estómago (o por gastroenteritis). La mayoría de estas infecciones son de carácter viral, aunque las bacterias y los parásitos también pueden causarlas. La deshidratación ocasionada por las diarreas (una situación que puede llegar al extremo de poner en peligro la vida del niño) es un síntoma que requiere atención inmediata para poder controlar la infección.

Síntomas:
- Cólicos abdominales.
- Diarreas, a veces con sangre o muy líquidas.
- Vómitos, que parecen casi agua y que presentan un color verde amarilloso.

¿Cuál es el tratamiento?
- Si se trata de diarreas ligeras (sin que se manifiesten otros síntomas), y el niño se mantiene en condiciones normales, mostrando hambre, continúe alimentándolo en la misma forma (leche materna o de cualquier otro tipo).
- Si el niño es mayor, aliméntelo con líquidos ligeros (agua o soda) y alimentos ligeros (como arroz, puré de manzanas, tostadas, galletas, sopa, o bananas).
- Si su bebé o su niño vomita, o las diarreas son persistentes (cada una o dos horas), llame al médico, quien posiblemente le recomendará que le proporcione líquidos al bebé para evitar la deshidratación.
- En determinadas circunstancias —y exclusivamente bajo la atención del especialista— será necesario darle antibióticos al niño para controlar la infección.

ESTREÑIMIENTO

El estreñimiento no es una condición frecuente en los bebés; no obstante, si ése es el problema que se presenta, llame al médico en cuanto compruebe que el pequeño muestra dificultad para evacuar. Es muy posible que una vez que los niños empiezan a ingerir los alimentos sólidos desarrollen el estreñimiento; esto puede deberse a la falta de fibras en su alimentación, a que no han logrado establecer un ciclo regular en el movimiento de los intestinos, o a la retención de las heces fecales.

Síntomas:

- En los bebés las heces fecales se vuelven duras; también evacúan menos de una vez al día.
- En los niños mayores también las heces fecales son duras, secas, y a los pequeños les resulta doloroso expulsarlas.
- Se presentan hasta cuatro días sin evacuar.
- Dolores abdominales que los padres pueden comprobar que cesan cuando se produce un abundante movimiento de los intestinos (con dolores).
- Sangre en las heces fecales.
- Manchas en la ropa entre los movimientos intestinales.

¿Cuál es el tratamiento?

- Si se trata de un bebé, llévelo al médico a la brevedad posible; quizá lo único que necesite sea cambiar de leche.
- Si el niño es mayor, haga que beba bastante agua y que ingiera alimentos con mucha fibra (como las ciruelas, albaricoques, granos, cereales y pan de trigo integral).
- En situaciones más serias, pregúntele al médico si es necesario que el niño estreñido tome un laxante ligero o algún otro tipo de medicamento para suavizar las heces fecales.
- También es posible recurrir a un enema o un elemento lubricante que facilite el paso de las heces fecales al ser expulsadas al exterior del cuerpo.

DOLORES ABDOMINALES RECURRENTES

Según los especialistas, el 15% de los niños mueven los intestinos más de lo normal, lo cual puede causar contracciones intestinales. Es posible que la condición —que provoca dolores abdominales— se deba a un padecimiento de familia, pero se ha comprobado que es más frecuente en las niñas, específicamente entre los 8 y 11 años de edad.

Síntomas:

- Dolores de estómago —tanto leves como intensos— que se presentan y desaparecen, pero afectan las actividades normales del niño (aunque no el sueño).
- De repente el niño se lleva la mano al estómago, palidece, y se ve obligado a recostarse.

¿Cuál es el tratamiento?

- Los síntomas suelen desaparecer si el pequeño descansa por unos 20 minutos.

- Si los síntomas son muy severos, el médico puede recetar algún medicamento antiespasmódico. Los alimentos a base de fibras también ayudan a aliviar esta condición.

APENDICITIS

La apendicitis consiste en la inflamación de un pequeño apéndice del intestino grueso, y es producida por alimentos o heces que se alojan en él. En los niños, se trata de una situación de emergencia médica, sobre todo en los mayores de 6 años.

Síntomas:
- Dolor de estómago constante en la zona inferior del abdomen; el dolor se intensifica y se refleja en el lado derecho del estómago; es más común entre los niños de 7 y 8 años de edad.
- Ardentía al orinar; la micción es más frecuente.
- El caminar encorvado.
- La necesidad de recostarse.
- La pérdida del apetito.
- Náuseas.
- Vómitos.

¿Cuál es el tratamiento?
- Se trata de una situación de emergencia, y por lo tanto el niño debe ser llevado con urgencia al hospital más cercano. El peligro es grande, y el niño requiere ser sometido a una intervención quirúrgica para extirpar el apéndice antes de que reviente y se pueda propagar la infección.

LOS PROBLEMAS DE ESTRES

Se estima que hasta el 4% de los niños padecen de dolor de estómago que es causado por el estrés y la ansiedad que experimentan en la escuela. El niño que siente fobia por la escuela suele ser muy sensible, se preocupa por todo, y por lo general está muy acostumbrado a la protección constante de sus padres.

Síntomas:
- En el niño saludable se presenta el dolor de estómago durante la primera hora después de salir hacia la escuela, o los domingos por la noche (víspera de una nueva semana de asistencia a la escuela).
- Se queja de calambres o cosquilleo en el estómago.

- Dolor de cabeza, náuseas, o mareos... antes de salir para la escuela.
- No muestra deseos de tomar el desayuno.

¿Cuál es el tratamiento?
- Envíe al niño a la escuela a pesar de sus quejas.
- Converse con su niño y ofrézcale explicaciones que lo ayuden a neutralizar el temor que pueda haber desarrollado a alejarse temporalmente de sus padres.
- La situación debe ser consultada con el sicólogo o pediatra. La orientación profesional es necesaria en situaciones de este tipo.

CONDICION CELIACA

La condición celíaca también se le conoce con el nombre de enfermedad típica de los intestinos, y consiste en una reacción del sistema inmunológico a la proteína del trigo (llamada gluten); se estima que la padece 1 de cada 1,000 niños. Si no es tratada debidamente, se pueden afectar los tejidos intestinales del pequeño.

Síntomas:
- Contracciones y dolores en el área del abdomen.
- Vómitos y estreñimiento.
- Pérdida de peso y estancamiento en el proceso del crecimiento.
- Abdomen protuberante.
- Falta de apetito.
- Diarreas fétidas.
- Anemia; un estado de debilidad general.

¿Cuál es el tratamiento?
- Ante los síntomas, lleve el niño al médico. Posiblemente necesitará suplementos de multivitaminas y evitar el gluten (es decir, no ingerir alimentos preparados a base de trigo, centeno, cebada, o avena).

CAPITULO 11

45 PLANTAS MEDICINALES PARA CURAR LOS TRASTORNOS DIGESTIVOS

Todas las plantas tienen un secreto medicinal maravilloso que el hombre —de una forma u otra— siempre ha sabido identificar y aprovechar. Tomando en cuenta sus propiedades, se desarrolló la Farmacología (ciencia que trata sobre el origen, la composición química, los efectos, y la utilización de los medicamentos), y el auge formidable que ésta ha alcanzado en nuestros tiempos ha opacado —en gran medida— la trayectoria de estas plantas curativas o medicinales que, hasta hace algunos años, se las consideraban sagradas. Pero opacar no significa olvidar, y esta sabiduría popular se mantiene vigente en la actualidad.

En este capítulo vamos a referirnos a las plantas que contribuyen a aliviar cualquier problema o deficiencia digestiva que se nos pueda presentar. Cuando sentimos el "estómago pesado" (como se dice comúnmente) o detectamos cierta molestia en el hígado, sabemos muy bien que los excesos en la alimentación que probablemente hemos cometido en días pasados nos están haciendo pagar ahora estas consecuencias. Inmediatamente llegan a la mente docenas de nombres de medicamentos de venta libre en las farmacias para aliviar esos síntomas... unos más fuertes, otros de acción más rápida, y algunos que quizás nunca antes hemos probado, pero que nos han sido recomendados por algún familiar o amigo. Ante situaciones de este tipo, no nos olvidemos de los remedios caseros... y especialmente de aquéllos que pueden ser preparados con plantas, los cuales muchas veces constituyen el elemento básico para gran número de los medicamentos sintéticos que consumimos. ¿Por qué no recurrir directamente a la fuente, a la misma Naturaleza... a las plantas? ¡Estas están siempre al alcance de nuestras manos!

Para ello solamente necesita seguir tres pasos:

- Conocer qué planta es la adecuada para cada situación determinada.
- Saber la forma de prepararla.

- Tener un poco de paciencia y hacer un poco de tiempo para la elaboración de estos remedios naturales.

Es importante, también, recordar que una sola planta puede tener una gran variedad de usos debido a sus excelentes propiedades medicinales. Todas las plantas que se mencionan pueden ser adquiridas en los establecimientos especializados en la venta de productos naturales; muchas en mercados.

1
ACACIA

Las flores de la acacia son muy indicadas para el tipo de diarrea que se presenta con emisión de sangre (o trazas de sangre). También es recomendada para la digestión pesada y, en general, para la disentería (nombre que se le da a un conjunto de trastornos del sistema digestivo que se caracterizan por la inflamación del intestino —especialmente del colon— y que se presentan acompañados con dolores en el abdomen y evacuaciones mucosas).

¿Qué hacer?
- Prepare una infusión (1 cucharadita por taza).
- Beba esta infusión a discreción, hasta que los síntomas logren ser debidamente controlados.

2
ACEDERA

La acedera es una planta herbácea cuyas hojas se comen en ensaladas, además de que se emplean para condimentar algunos alimentos, debido a su sabor ácido especial. Para aliviar el estreñimiento es muy efectiva; beba un cocimiento de acederilla, acedera silvestre, u orgaza.

¿Qué hacer?
- Coloque 30 gramos de hojas secas de acedera en 1/2 litro de agua.
- Hiérvalas durante 10 minutos.
- Filtre a través de un tamiz muy fino.
- **Dosis:** 2 ó 3 tacitas del cocimiento durante el día, frías y endulzadas con 1 ó 2 cucharaditas de azúcar morena o miel de abejas.

3
AJO

El llamado té de ajo es muy efectivo para controlar la infección de los intestinos con parásitos (oxiura, mide unos 10 mm), y es muy frecuente entre los niños, sobre todo si no se observan las reglas debidas de higiene elemental. Los síntomas de esta condición son irritación y escozor en el área del ano, desgano, palidez, inquietud al dormir.

¿Qué hacer?
- Machaque ajos (2 ó 3 dientes) y vierta en ellos agua hirviente.
- Revuelva y cuele.
- Irrigue los intestinos con la infusión preparada (tibia) a través de una perilla de goma que es colocada en el ano. De esta manera aliviará el escozor y eliminará los parásitos.

4
ALBAHACA

La albahaca es una hierba anual de la familia labiadas, con hojas en forma de lanza, flores blancas y fragancia. La infusión que se prepara con las hojas de la planta es efectiva para controlar la halitosis (mal aliento).

¿Qué hacer?
- Eche 30 gramos de hojas secas de albahaca y 30 gramos de enebro (o junípero) en 1/2 litro de agua hirviente.
- Cocine por varios minutos, hasta que el líquido se vuelva ligeramente turbio.
- Filtre bien.
- Emplee la infusión en gargarismos y enjuagues bucales.

5
ALMENDRAS

Para los trastornos digestivos en general, beba la horchata de almendras tres veces al día.

¿Qué hacer?
- Tome 50 ó 60 gramos de almendras y póngalas a remojar en agua fría durante varias horas (para que la piel pueda desprenderse sin dificultad).
- Una vez peladas, machaque las almendras en un mortero, hasta reducirlas a un triturado fino.

- A la pasta formada, agregue (poco a poco) agua. Continúe machacando y deje en remojo todo, durante 3 ó 4 horas.
- Pase la mezcla por un tamiz o colador muy fino. Las partículas que queden pueden ser trituradas nuevamente, con el fin de extraer el máximo de los elementos nutritivos.
- Si desea, puede aromatizar con pedacitos de corteza de limón y endulzar con azúcar morena.
- Una vez preparada, no debe demorarse su ingestión.

Para controlar el estreñimiento, el siguiente remedio es muy efectivo:
- Mezcle 50 gramos de almendras dulces (o leche de almendras) con 225 gramos de espinacas.
- Licúe (en la licuadora) hasta que los dos ingredientes estén debidamente incorporados.
- Beba 1 vez al día, en ayunas.

6
ALTEA

El colagogo de raíz de altea es efectivo para controlar las inflamaciones intestinales.

¿Qué hacer?
- Utilice de 10 a 15 gramos de rizomas de altea en 1/2 litro de agua.
- Hierva por varios minutos, hasta que el líquido quede reducido a la mitad.
- Permita que se enfríe (a la temperatura ambiente) antes de filtrarlo.
- Almacénelo en un sitio fresco.
- **Dosis:** 1 taza pequeña en ayunas; otra antes de acostarse.

7
ANGELICA

Las raíces y semilla de esta planta son ideales para controlar el dolor de estómago.

¿Qué hacer?
La angélica puede tomarse en forma de cocimiento, preparado de la siguiente manera:
- Coloque 15 gramos de raíces y semillas de angélica en 1 litro de agua.
- Hierva durante unos 10 minutos.
- Déjelo todo en infusión hasta que se enfríe (a temperatura ambiente).
- Filtre por un tamiz muy fino.

- **Dosis:** 3 ó 4 tazas al día, preferiblemente después de las comidas, aunque también puede tomar el cocimiento de angélica durante el día.

8
ANIS

El anís es una planta anual de flores blanquecinas y semillas de olor y sabor aromáticos, utilizadas en la elaboración de dulces y licores.

    La tintura vinosa de anís es excelente para aliviar los síntomas de una indigestión.

¿Qué hacer?
- En 1 litro de vino blanco (con una graduación de 16 ó 18 grados), incorpore 70 gramos de anís estrellado (seco).
- Permita que repose por 10 ó 15 días.
- Filtre a través de un tamiz, y almacene en una botella.
- **Dosis:** 1 vaso pequeño, antes y después de cada comida.

También puede preparar un cocimiento de anís estrellado:
- Hierva 1 puñado de semillas de anís estrellado en 1/2 litro de agua.
- Filtre.
- Beba este cocimiento tibio, después de las comidas.

9
APIO

El estreñimiento (dificultad o molestia al evacuar) presenta síntomas muy definidos: heces duras, dolor al evacuar (a veces las heces son sanguinolentas), sensación de llenura (inclusive después de ir al baño), e inflamación abdominal. Casi siempre el estreñimiento es causado por la inactividad del individuo, el hipotiroidismo, deficiencias renales, y el cáncer colorectal. El cocimiento preparado con las raíces del apio es muy efectivo para estimular el movimiento del vientre.

¿Qué hacer?
- Ralle las raíces o los tallos del apio en su parte inferior (las más próximas a la tierra).
- Mézclelos con un poco de aceite de oliva y sal común.
- Tome este remedio antes de acostarse y en las mañanas (siempre en ayunas).

10
BOLDO

Las infusiones de boldo constituyen uno de los remedios caseros más empleados para aliviar todos los trastornos digestivos. Su acción se concentra sobre las afecciones del hígado, ya que es un tonificante formidable para este órgano, además de que actúa favorablemente sobre el aparato digestivo en general como un calmante moderado. Es, por lo tanto, recomendado para todos los trastornos hepáticos y digestivos.

¿Qué hacer?
- Prepare una infusión: 1 cucharadita de hojas de boldo (desmenuzadas) por taza.
- La dosis recomendada es de 1 ó 2 tazas diarias y —en lo posible— en ayunas.

11
BORRAJA

La borraja tiene la ventaja que se puede consumir cruda, añadiéndola a las ensaladas. Combate el estreñimiento, ya que posee propiedades mucilaginosas; es decir, viscosas y adherentes. Asimismo, cumple una excelente función contra la insuficiencia biliar.

¿Qué hacer?
- La mejor forma de preparar la borraja es al vapor, para que la planta no pierda su gran riqueza en sales minerales.
- La infusión de esta planta es muy conocida con el nombre de agua de borraja cuya acción es depurativa. La misma se obtiene vertiendo agua hirviente en una porción de aproximadamente 10 gramos de la planta (en trozos) para 1 taza. Se deja reposar por unos 10 minutos.
- **Dosis:** beba 2 ó 3 tazas durante el día.

12
CALÉNDULA

También se le conoce bajo los nombres de flor de muerto o maravilla. Asimismo, existen dos variedades de caléndula: una es la llamada **caléndula jardinera**, y la otra es la **caléndula silvestre**... pero ambas presentan las mismas propiedades curativas.

La referencia a su uso con fines curativos se remonta a la Edad Media, cuando la caléndula se empleaba esencialmente para contrarrestar el desarrollo de cualquier trastorno intestinal y hepático. Y en efecto, en la actualidad se ha comprobado científicamente que la caléndula posee propiedades estimulantes y espasmódicas que actúan sobre el hígado y el sistema digestivo en general. Asimismo, es muy efectiva en situaciones de estreñimiento, ya que funciona como un excelente laxante (aunque moderado).

¿Qué hacer?
- El zumo fresco de la caléndula se emplea para preparar tisanas (1 cucharadita de caléndula en una tisana al día). Es ideal para controlar los vómitos.
- En general se recomienda su uso en infusiones, 2 ó 3 tazas al día.

13
CARQUEJA

De esta planta ha surgido una creencia popular según la cual su infusión tiene la propiedad de combatir los estados de impotencia sexual (en el hombre) y la infertilidad (en la mujer). Este concepto no tiene validez científica alguna, y la leyenda (por así llamarla) surgió debido a que en ciertos lugares se obligaba a las cabras a beber agua donde se hervía carqueja para que éstas concibieran. Pero a pesar de que la carqueja no es una planta que hace milagros en este sentido, sí tiene excelentes propiedades para aliviar los trastornos estomacales, para combatir las diferentes dolencias del hígado, y es altamente recomendada para controlar situaciones de indigestión.

¿Qué hacer?
- La carqueja se bebe en infusiones, preparadas con 10 gramos de esta planta hervida en 1 litro de agua. Beba de 1 a 2 tazas al día.

14
CEBOLLA

La dispepsia se manifiesta como un ligero dolor abdominal o en el pecho, y se presenta después de haber ingerido un exceso de alimentos. Los síntomas principales son náuseas (ligeras), un sabor ácido en la boca, sensación de llenura, gases, y dolor en la región superior del vientre. El cocimiento de cebollas es muy efectivo para controlar esta condición, debido a las propiedades curativas de este bulbo maravilloso.

¿Qué hacer?
- Hierva varias cebollas (desintegradas) en 1 litro de agua, por 10 minutos.
- Filtre.
- Beba 1 taza de este cocimiento (1 vez al día) entre el almuerzo y la cena.

15
CEREZAS

Las cerezas ácidas (el fruto del cerezo, casi redondo y de piel encarnada) es efectiva para tratar todos los trastornos digestivos en general.

¿Qué hacer?
- Hierva (en 1 litro de agua) 30 gramos de pedúnculos (rabos que unen una flor, hoja o fruto al tallo) de cerezas, durante 10 minutos.
- Vierta esta decocción, bien caliente, sobre 100 gramos de cerezas frescas.
- Después de un contacto de 20 minutos, cuele... exprimiéndolas ligeramente sobre un tamiz fino.
- **Dosis:** beba este cocimiento todas las veces que desee durante el día.

16
CIRUELAS

La ciruela es el fruto del ciruelo, de forma redondeada, carne muy jugosa, y con un hueso en el centro; muy variable en tamaño, color y consistencia, según el tipo de árbol que la produzca. El **caldo de ciruelas** es excelente para aliviar situaciones de estreñimiento.

¿Qué hacer?
- Use las ciruelas secas, y póngalas en agua fría durante 24 horas.
- Hiérvalas en 5 ó 6 litros de agua, cambiando el agua cada 30 minutos (unas 4 ó 5 veces).
- Seguidamente coloque todas las ciruelas en agua caliente, hasta que lleguen a ser totalmente insípidas.
- Ingiera las ciruelas antes del almuerzo y la cena.

17
COCO

El cocimiento de coco (preparado con los filamentos de la cáscara del coco seco) es efectivo para controlar las diarreas.

¿Qué hacer?
- Coloque 100 gramos de filamentos de cáscara de coco seco en 1 1/2 litro de agua.
- Permita que hierva hasta que se consuma la mitad.
- Refrigere... y beba varias veces en el día.

18
CUNDIAMOR

Las hojas y frutos del cundiamor se emplean para preparar un cocimiento que es excelente en el tratamiento de cualquier problema intestinal. Además, el cundiamor tiene magníficas propiedades vermífugas.

¿Qué hacer?
- Remoje las frutas y las hojas del cundiamor en agua.
- Hiérvalas para preparar un cocimiento (durante unos 10 minutos).
- Permita que se enfríe a la temperatura del ambiente.
- Cuele y refrigere.
- Beba este cocimiento, bien frío, en lugar de agua (por el tiempo que considere necesario).

19
ENEBRO

El enebro es un arbusto, aunque en ocasiones puede alcanzar las dimensiones de árbol. También se le conoce por el nombre de ginebra o junípero. El enebro común mide de 3 a 4 metros de altura, y sus gálbulos (llamados enebrinas) se utilizan en la elaboración de la ginebra. El llamado té de ginebra es muy efectivo para aliviar los dolores estomacales.

¿Qué hacer?
- Coloque entre 3 y 5 gramos de frutos maduros de enebro en 100 gramos de agua hirviente.
- Deje en infusión.
- Filtre en el momento de servir.
- **Dosis:** 1 taza después de las comidas, calentada en baño de María.

20
FUMARIA

También se la conoce bajo el nombre de hiel de tierra o palomilla (según el país o región) y es una planta que se utiliza en su totalidad, ya que presenta siete alcaloides diferentes, todos muy efectivos para aliviar y curar los trastornos digestivos. En infusión se recomienda muy especialmente para combatir todos los trastornos del hígado, así como los problemas estomacales.

¿Qué hacer?

- La infusión (o la decocción) de fumaria es altamente depurativa; su efectividad ha sido comprobada a través de muchos años. Prepárela con 1/2 puñado de la planta fresca (también la fumaria puede ser seca) por cada litro de agua.
- La fumaria macerada es igualmente muy efectiva, pero este proceso toma un poco más de tiempo (vea el recuadro que se incluye al principio de este capítulo). Se deja por 24 horas una ramita de fumaria en un vaso con agua (preferiblemente a la temperatura ambiente). Estas ramas deben ser filtradas a través de un tamiz fino antes de beber el líquido elaborado.
- También puede aprovechar el jugo de la planta fresca, el cual puede ser mezclado con leche o miel de abejas (con la leche es un remedio eficaz para las afecciones hepáticas).
- Es un magnífico laxante para combatir las situaciones de estreñimiento. **Dosis:** una infusión o decocción en una taza; en días alternos.

21
HINOJO

El hinojo es una planta herbácea de la familia umbelíferas; llega a alcanzar los 2 metros de altura, y tiene hojas recortadas y flores amarillas. Se usa como condimento (por su sabor anisado) y en Medicina, como carminativo y expectorante. Además es muy efectivo para combatir el mal aliento y eliminar los gases intestinales.

¿Qué hacer?

- En 100 gramos de agua hirviente, incorpore 25 gramos de semillas de hinojo (previamente machacadas).
- Deje reposar en infusión por unos 5 minutos.
- Cuele y añada 1 cucharadita de menta.
- **Dosis:** beba este cocimiento, íntegro, después de las comidas y durante el día.

22
JAZMIN

Se trata de una planta de la familia de las oláceas, generalmente trepadora, de hojas compuestas y flores blancas o amarillas, muy olorosas. El jazmín preparado en forma de tisanas es muy digestivo.

El **cocimiento de jazmín**, frío, y bebido en vez de agua, es efectivo para mantener al corriente el movimiento del vientre.

23
LILO

También se le conoce como lila. Es una planta muy amarga, pero es esto precisamente el factor que le brinda propiedades medicinales, ya que contrarresta la fiebre, acelera los procesos digestivos (cuando se presentan con lentitud), desinflama el hígado, y controla las diarreas. También ayuda a neutralizar la llamada atonía intestinal; es decir, la falta de tonicidad o fuerza normal del intestino.

¿Qué hacer?

- Se recomienda tomarlo en una infusión o decocción de las flores de la planta, como tónico general para el aparato digestivo. Beba de 2 a 3 tazas al día.
- También puede emplear las hojas de la planta para preparar una decocción ligera. Beba 2 tazas al día.

Igualmente, puede preparar el llamado caldo anti-diarréico, el cual es muy efectivo para controlar esta condición:

- Tome 300 gramos de manzanas (sin pelar), 300 gramos de cebollas, 200 gramos de zanahorias, 50 gramos de vainas de algarrobo, y 1 cucharada sopera de arroz.
- Cocine todo en 1 1/2 litros de una infusión de lilo.
- Beba tazas de este caldo en lugar de las comidas, hasta que se normalicen las deposiciones.

24
LIMON

La cáscara de limón, pulverizada y mezclada con la miel de abejas, constituye un excelente tónico estomacal. No obstante, debido a la acidez característica del limón, este tratamiento natural está contraindicado para aquellos pacientes que padezcan de reumatismo, gota, y deficiencias renales.

25
LINO

El lino es una planta herbácea con las hojas muy finas, casi aciculares, y en disposición alterna; sus hojas son de diversos colores, muy grandes, y muy vistosas... sus frutos se presentan en cápsulas de forma ovoidea.

La infusión preparada con las semillas de lino es altamente efectiva para aliviar las inflamaciones de los intestinos; se emplea con efectividad desde hace cientos de años, especialmente en Europa.

¿Qué hacer?

- Macere bien 10 gramos de semillas de lino y colóquelas en 100 gramos de agua hirviente; cubra el recipiente.
- Permita que reposen por unos 10 minutos.
- Cuele las semillas a través de una muselina o malla fina... y refrigere.
- **Dosis:** bébalo bien caliente, por las mañanas y en ayunas, durante varias semanas.

Si la inflamación persiste:

- Se recomienda hervir en 1 litro de agua, y durante unos 10 ó 15 minutos (siempre a fuego bajo), 15 gramos de semillas de lino machacadas.
- Cuele y sirva caliente. Bébalo en las mañanas (en ayunas) por varias semanas.

26
MANZANA

Tradicionalmente, el **jugo de manzanas** ha sido un remedio casero efectivo para controlar las diarreas (se sugiere beber 3 vasos al día).

También se puede seguir la llamada cura de la manzana, que logra una mejoría casi inmediata en casi todos los pacientes: baja la fiebre, disminuye el número de deposiciones, cesan las molestias en el sistema digestivo, y se regularizan todos los procesos digestivos.

¿Qué hacer?

- Utilice unos 300 gramos de manzanas, repartidas en 5 comidas al día.
- Ingiéralas crudas y peladas, sin añadirles ningún otro elemento.
- También puede rallar las manzanas (elimine las semillas).
- Durante dos días, aliméntese únicamente a base de manzanas (siempre en las proporciones indicadas).

27
MANZANILLA

La manzanilla es una planta herbácea de la familia de las compuestas, de tallo ramificado, hojas divididas en segmentos, y flores blancas con el centro amarillo. La flor de esta planta se utiliza para preparar infusiones con propiedades digestivas (calman el llamado estómago nervioso). También los cocimientos de manzanilla son efectivos para calmar la ansiedad y los estados de tensión que activan los trastornos digestivos. Bébalos siempre después de las comidas, como digestivos.

28
MEJORANA

La mejorana es una planta herbácea de la familia de las labiadas; alcanza unos 40 centímetros de altura. Sus hojas son redondeadas; sus flores son pequeñas y rosadas, en espiga. En infusiones la mejorana es altamente recomendada para los trastornos estomacales, específicamente para facilitar los procesos digestivos.

29
MENTA

A la menta se le identifica muchas veces como hierbabuena, piperita, o mate yuyo (según el país o región), y es una planta que se emplea para mejorar los trastornos gastrointestinales, ya que posee propiedades antisépticas, es digestiva, calmante, estimula la secreción de la bilis, e inclusive contrarresta todo tipo de infecciones.

¿Qué hacer?
- Se administra en forma de infusión; 1 cucharadita por taza.
- Beba de 3 a 4 tazas al día.
- Es preferible utilizar las hojas frescas de la menta, pero si esto no fuera posible, también se pueden emplear las hojas secas, las cuales es preciso almacenar en un recipiente cerrado herméticamente, para que sus excelentes propiedades medicinales se mantengan activas.

30
NABO

El nabo es una planta herbácea de la familia de las crucíferas; sus hojas son grandes y lobuladas, su raíz carnosa (generalmente blanca) y sus flores amarillas. La raíz de esta planta es comestible. Asimismo, el cocimiento preparado con el nabo, constituye un excelente laxante y suavizante para los casos de estreñimiento.

31
NARANJA

Para controlar los síntomas de una indigestión, prepare un **té de naranjo** amargo (también conocido como **naranjo agrio**).

¿Qué hacer?

- Incorpore 1 cucharadita de flores secas del naranjo amargo a 1 taza de agua hirviente.
- Déjelas en infusión por 5 ó 10 minutos.
- **Dosis:** beba el té (sin ningún tipo de endulzante) después de las comidas.

32
NISPERO

Es un árbol de tronco ramificado y espinoso, hojas lanceoladas, grandes flores blancas, y un fruto (en forma de pera) comestible. La mermelada preparada con los frutos del níspero es estomacal; además combate la flatulencia y la inflamación del estómago. El cocimiento de níspero contiene las diarreas.

33
OLIVO

El **aceite de oliva** es un medicamento natural excelente; se ha empleado —por tradición ancestral— en toda la región del Mediterráneo, y su efectividad ha sido comprobada para tratar trastornos digestivos. En ayunas es altamente recomendable para el tratamiento de las afecciones del estómago (1 cucharadita), especialmente para controlar la inflamación de este órgano.

34
OREGANO

En caso de digestiones difíciles o lentas, la infusión de orégano es excelente.

¿Qué hacer?

- Coloque unos 15 ó 20 gramos de flores de orégano (maceradas) en 1 litro de agua hirviente.
- Deje en infusión por unos cuantos minutos.
- Filtre debidamente.
- **Dosis:** 1 taza después de cada comida.

35
PALO SANTO

Esta planta es conocida en algunos países como kaki, por su nombre científico: *Diosporus kaki*. En la Medicina Natural se emplean sus hojas (secas) y sus frutos. En infusiones, el palo santo es efectivo para aliviar los problemas estomacales; controla las náuseas y los vómitos. La pulpa de su fruto es un excelente laxante, lo cual permite controlar el estreñi-miento.

36
PEPINO

En algunos países al pepino se le conoce como cohombro. Se trata de una planta cucurbitácea, con el tallo rastrero, hojas aterciopeladas, flores amarillas, y fruto carnoso (de forma alargada y color verde oscuro). En la Medicina Natural se emplean sus raíces, sus frutos, y sus semillas. El cocimiento de pepino es efectivo para el tratamiento de las enfermedades del estómago. Las raíces (secas, y utilizadas en cocimientos) son eméticas (inducen el vómito).

37
PEREJIL

Se trata de una planta herbácea, aromática, que es originaria del área del Mediterráneo, donde se la aprecia altamente por sus propiedades medicinales (tradicionalmente se le ha empleado para controlar la halitosis, o mal aliento). Se cultiva para su uso en la cocina, como condimento. Se ha comprobado que el perejil, en infusiones, es efectivo para tratar los dolores de estómago.

¿Qué hacer?
- Utilice 10 gramos de semillas de perejil (bien machacadas) y 1/2 litro de agua hirviente.
- Permita que la infusión repose durante 30 minutos (aproximadamente).
- Filtre debidamente (por medio de una muselina fina o un colador de malla muy fina).
- **Dosis:** 1 taza, bien caliente, después de las comidas.

También las infusiones de perejil controlan los gases en el sistema digestivo. Refrigere la infusión y bébala en vez de agua.

38
REGALIZ

En algunos países se le da el nombre de paloluz o regaliera. Es una planta papilonácea de hojas compuestas, flores azuladas (en racimos), y un rizoma grueso que se utiliza para fabricar dulces. En Medicina Natural se emplen sus raíces y hojas. Preparado en cocimientos e infusiones, es eficaz en el tratamiento del estreñimiento y aliviar los dolores que son causados por las úlceras duodenales. Asimismo, combate el mal aliento.

39
RUIBARBO

Un laxante efectivo para aliviar el estreñimiento puede ser preparado con el rizoma del ruibarbo.

¿Qué hacer?
- Mezcle unos 10 gramos de rizoma de ruibarbo pulverizado con 40 gramos de magnesia, 15 gramos de lactosa, y 20 gramos de sacarosa.
- **Dosis:** 1 cuchara pequeña (rasa), disuelta 1/2 taza (tamaño café) de agua, azucarada y caliente.
- Bébalo siempre en ayunas.

40
SALVIA

La salvia es una planta herbácea aromática de la familia labiadas; sus flores son amarillas, violáceas o blancas. Sus hojas se emplen como condimento; en Medicina, debido a sus propiedades curativas, como digestivo (los cocimientos de salvia activan todos los procesos digestivos; asimismo, combaten el mal aliento). Las hojas de salvia pueden ser masticadas en su forma natural para controlar la halitosis.

41
TAMARINDO

El tamarindo es un árbol de tronco grueso, de copa amplia; llega a alcanzar 25 metros de altura. El fruto de este árbol (que se conoce igualmente como tamarindo) se emplea en la preparación de diferentes tipos de confituras. Además, puede ser empleado (utilizando la pulpa) en la preparación de cocimientos que son altamente efectivos para aliviar el estreñimiento. Deben ser tomados después de ingerir alimentos, especialmente comidas abundantes.

42
TOMATE

El fruto de la tomatera es el tomate (de color rojo, carnoso y jugoso; su superficie es lisa y brillante y la pulpa está llena de semillas) no sólo es empleado en la alimentación, sino también como laxante y digestivo. El jugo de tomate se emplea para aliviar el estreñimiento.

43
TOMILLO

Tomillo es el nombre común de diversas plantas de la familia de las labiadas. Llega a alcanzar unos 30 centímetros de altura, con flores que pueden ser blancas o rosadas. Se utilizan —por su delicioso aroma— en perfumería y también como condimento en la preparación de distintos platos. La infusión de tomillo se emplea desde hace siglos para controlar los síntomas de las indigestiones. Asimismo, el **cocimiento de tomillo** se bebe para acelerar todos los procesos digestivos; su efectividad está probada.

¿Qué hacer?
- En 1 litro de agua hirviente, añada de 30 a 40 gramos de la planta seca.
- Deje en infusión por aproximadamente unos 5 minutos.
- Filtre a través de una muselina o un colador de malla muy fina.
- **Dosis:** 3 tazas al día; endúlcelo con 1 ó 2 cucharaditas de miel de abejas.

44
TORONJIL

También se le conoce como toronjina, hierba Luisa, y hierba Bergamota en algunos países, y como melisa (por su nombre científico, Melissa officinalis). Se utilizan sus flores y hojas, secas. El cocimiento de toronjil (que se prepara con sus flores y hojas) es un digestivo estupendo, altamente recomendable en casos de espasmos y gastroenteritis.

45
ZARZAMORA

La zarzamora es el fruto de la zarza, un arbusto de la familia rosáceas que echa flores en racimo y frutos de color rojo. Se aprovecha para elaborar confituras. Sus hojas (frescas o secas) se emplean para preparar cocimientos que se utilizan en enjuagues bucales para controlar las inflamaciones en la boca y el estómago. Si estos cocimientos se ingieren, controlan las diarreas.

CONVIENE SABERLO...

1
¿COMO SE PREPARAN LAS PLANTAS MEDICINALES?

CRUDAS. Es la forma más fácil; además, sus beneficios son directos... de la Naturaleza a nuestro organismo. No obstante, se debe tener la precaución de lavarlas con mucho cuidado antes de ingerirlas para evitar cualquier posible contaminación.

EN JUGOS. Son ideales cuando se tratan de vegetales frescos. Además, en su uso terapéutico, aumentan la posibilidad de su dosis. Por ejemplo, es muy difícil ingerir 2 kilos de zanahorias, mientras que resulta muy fácil beber 2 vasos de su jugo (los cuales representan su equivalente).

EN INFUSION. Es el mejor método para extraer los beneficios curativos de las flores, hojas, y otras partes blandas de la planta, ya sean frescas o secas. Para preparar la infusión:
1. Hierva agua.
2. En un recipiente aparte, separe las hojas o flores.
3. Vierta el agua hirviente sobre la dosis de la planta que ha seleccionado.
4. Permita que la infusión repose por unos minutos (antes de beber).

EN DECOCCION. Cuando se desean obtener los beneficios de la planta desde su zona más compacta o dura (por ejemplo, la corteza o las raíces), una infusión resulta realmente insuficiente. En su lugar es preciso preparar la decocción:
1. Desmenuce la planta y colóquela en un recipiente.
2. Cúbrala de agua a temperatura ambiente, y póngala a cocinar a fuego lento.
3. Hierva por 1 minuto.
4. Apague el fuego, cubra el recipiente, y permita que repose por unos 10 minutos.

MACERADAS. Se trata de un proceso más lento que todos los anteriores, y es ideal para aprovechar las propiedades de aquellas plantas que al más mínimo contacto con el fuego pierden sus propiedades esenciales.

1. Ponga la planta (bien desmenuzada) en remojo... con el agua siempre a temperatura ambiente.
2. Dejelo reposar, cubierto, de 6 a 12 horas.
3. Poco a poco las sustancias se irán liberando, sin la necesidad de aplicar calor directo.

-----

www.ingramcontent.com/pod-product-compliance
Lightning Source LLC
Chambersburg PA
CBHW080332270326
41927CB00014B/3185